教育部人文社会科学研究青年基金项目《江南水乡传统村落礼制建筑营造技艺保护与传承研究》（项目批准号21YJCZH154）资助

江南水乡传统村落礼制建筑营造技艺保护与传承研究

王 浩◎著

河海大学出版社
HOHAI UNIVERSITY PRESS
·南京·

图书在版编目(CIP)数据

江南水乡传统村落礼制建筑营造技艺保护与传承研究/王浩著. -- 南京 : 河海大学出版社, 2023.12
ISBN 978-7-5630-8584-2

Ⅰ. ①江… Ⅱ. ①王… Ⅲ. ①村落-建筑艺术-研究-华东地区 Ⅳ. ①TU-862

中国国家版本馆 CIP 数据核字(2023)第 240030 号

书　　名	江南水乡传统村落礼制建筑营造技艺保护与传承研究
书　　号	ISBN 978-7-5630-8584-2
责任编辑	龚　俊
特约编辑	梁顺弟　许金凤
特约校对	丁寿萍　卞月眉
装帧设计	徐娟娟
出版发行	河海大学出版社
地　　址	南京市西康路 1 号(邮编:210098)
电　　话	(025)83737852(总编室)　(025)83722833(营销部)
经　　销	江苏省新华发行集团有限公司
排　　版	南京布克文化发展有限公司
印　　刷	广东虎彩云印刷有限公司
开　　本	718 毫米×1000 毫米　1/16
印　　张	13.25
字　　数	271 千字
版　　次	2023 年 12 月第 1 版
印　　次	2023 年 12 月第 1 次印刷
定　　价	128.00 元

前言 Preface

江南水乡传统村落中拥有众多的礼制建筑，如祠堂、家庙等，这些礼制建筑是礼制文化的代表，体现了工匠精湛的营造技艺。传统村落文化是中华民族的“根文化”，江南水乡传统村落礼制建筑营造技艺是中国传统村落文化的重要组成部分，研究江南水乡传统村落礼制建筑营造技艺保护与传承，有助于充分体现礼制文化价值，为保护中国传统营造技艺保护与传承提供科学的理论支撑。

本书以江南水乡传统村落礼制建筑营造技艺为研究对象，结合保护与传承现状，通过分析问题，探索江南水乡传统村落礼制建筑营造技艺保护与传承之路，以期为其他地区传统建筑营造技艺保护与传承提供参考。

本书共七章，各章的主要内容如下：

第一章绪论，主要介绍课题研究背景、研究现状、研究意义。第二章江南水乡传统村落概述，主要介绍江南水乡传统村落区域分布、基本类型、基本特征等，介绍江南水乡传统村落礼制文化发展历程和内涵等。第三章江南水乡传统村落礼制建筑研究，主要从类型、价值等方面介绍江南水乡传统村落礼制建筑概况。第四章江南水乡传统村落礼制建筑营造技艺研究，主要介绍营造流程和营造习俗。第五章江南水乡传统村落礼制建筑营造技艺保护传承现状调查研究，主要介绍江南水乡传统村落礼制建筑营造技艺保护与传承方式及存在问题。第六章江南水乡传统村落礼制建筑营造技艺保护与传承策略研究，主要从保护与传承原则、模式和对策介绍江南水乡传统村落礼制建筑营造技艺保护和传承策略。第七章常州传统村落礼制建筑营造技艺保护与传承研究——以礼嘉王氏宗祠为例，探究其保护与传承之路。

本书从历史学、考古学、建筑学、社会学、艺术学、旅游学等多角度，运用田野考察和实地调研等研究方法，通过相关文献资料的搜集整理，挖掘江南水乡传统村落礼制建筑营造技艺特色，深化礼制文化的深层次认知，为保护传统技艺类非物质文化遗产提供参考借鉴。

目录 Contents

第一章 绪论

第一节 研究背景

2017年1月25日，中共中央办公厅印发《关于实施中华优秀传统文化传承发展工程的意见》中提出："实施传统工艺振兴计划"，"挖掘整理传统建筑文化"。2021年9月3日，中共中央办公厅、国务院办公厅在《关于在城乡建设中加强历史文化保护传承的意见》中提出："传承传统营建智慧。保护非物质文化遗产及其依存的文化生态，发挥非物质文化遗产的社会功能和当代价值"。

2003年，住房和城乡建设部、国家文物局共同组织评选中国历史文化名镇名村。2012年，住房和城乡建设部、文化部、财政部三部门联合评选中国传统村落。江南水乡传统村落中获得中国历史文化名村和中国传统村落称号的村落数量分别为21和138，这些传统村落具有重要的历史文化价值。江南水乡传统村落中拥有众多的礼制建筑，如宗祠、家庙等，这些礼制建筑是礼制文化的代表，体现了工匠精湛的营造技艺。

江苏省住房和城乡建设厅于2020年、2022年公布了两批江苏省传统建筑组群目录，其中涉及江南水乡传统村落礼制建筑的有10处。为了保护传统村落以及礼制建筑，各地相继出台相关法律法规。2017年9月，江苏省政府以政府令形式印发《江苏省传统村落保护办法》(以下简称《办法》)。《办法》中提出要整体保护相对集中的传统建筑和建筑组群，对传统建筑进行分类保护。2005年，浙江省制定出台了《浙江省文物保护管理条例》，2012年制定出台《浙江省历史文化名城名镇名村保护条例》。

江南水乡传统礼制建筑营造技艺的构成主要为香山帮传统建筑营造技艺、桐庐传统建筑群营造技艺等，香山帮传统建筑营造技艺是流传于江南地区的传统建筑技艺，分别于2006年、2009年入选国家级非物质文化遗产和人类非物质文化遗产，桐庐传统建筑群营造技艺于2012年入选浙江省级非遗传承项目。

针对传统建筑营造技艺的保护与传承工作，各地也纷纷制定出台相关法规制度。苏州于2023年专门出台《关于推动苏州市“香山帮”传统建筑营造技艺保护传承的实施意见》，全方位促进“香山帮”技艺保护和传承。

由于礼制建筑营造技艺受到传承方式、工匠待遇和地位等因素影响，面临着传承人青黄不接、后继无人的危险境地。新材料、新工艺的使用，使礼制建筑营造技艺面临着巨大冲击，严重影响着礼制建筑营造技艺的传承，在此背景下，保护和传承江南水乡传统村落礼制建筑营造技艺刻不容缓。

第二节　研究现状

一、国外研究现状

国外对中国传统建筑营造技艺的专题研究较少，主要有：日本学者浅野清著《唐招提寺金堂复原考》(1944)、《法隆寺建筑综观》(1953)，关口欣也著《禅宗建筑的研究》(1969)，这些著作主要是对日本仿唐建筑进行研究。铃木充《营造法原的研究》(1991)为日本学者研究江南传统建筑营造技艺提供了重要参考。

二、国内研究现状

(一) 江南水乡研究

学者主要集中在江南水乡聚落、地形地貌、水网体系、建筑遗产、装饰文化、旅游开发等方面进行研究，形成了一系列研究成果。

江南水乡聚落研究主要有：阮仪三等通过《乡愁情怀中的江南水乡及其当代意义》(2015)分析江南水乡聚落与水相处特征，认为江南水乡是从文化原乡回归角度留住乡愁。[①]

江南水乡地形地貌、水网体系研究主要有：陆佳薇《江南水乡水网地形与村落空间形态的关联研究》(2020)从地理学和建筑学的角度，借助图形分析技术，

① 阮仪三等. 乡愁情怀中的江南水乡及其当代意义[J]. 中国名城，2015(9)：4-8.

探析江南水乡水网地形与村落空间形态的关联性特征。[①] 王瑞《江南水乡气候与地貌特征下传统民居空间构成类型研究》(2021)对江南水乡气候与地貌特征下传统民居空间构成类型进行研究，通过实地调研，分析总结江南水乡传统建筑发展困境，探究江南水乡传统建筑的地域文化特征。[②]

江南水乡建筑研究主要有：周学鹰、马晓《中国江南水乡建筑文化》(2006)对江南水乡地域文化、聚落体系、建筑形态、建筑营造文化、建筑装饰文化等进行了分类论述，提出江南水乡建筑文化遗产的保护设想。[③] 王亭《江南水乡古镇建筑遗产保护与利用研究》(2015)从江南水乡地理位置、特色文化等方面研究历史文化价值、古镇空间特色、传统建筑特色等，分析江南水乡古镇建筑文化遗产保护发展历程，提出江南水乡古镇建筑文化遗产保护规划、原则等。[④] 顾雨拯《江南水乡古镇历史环境中的新建筑植入研究》(2015)研究江南水乡古镇建筑形态，结合现状进行分析，探究江南水乡地域建筑融入现代建筑。[⑤] 顾彦力《江南水乡建筑文化元素的应用研究》(2018)探索将江南水乡建筑元素融入到餐具设计应用，凸显江南水乡建筑艺术价值，传承江南水乡地域文化。[⑥]

江南水乡旅游开发的研究主要有：程俐骢《谈江南水乡旅游资源的开发》(1995)对上海的江南水乡传统村镇提出了旅游开发设想，属于较早研究江南水乡旅游资源开发的文章。[⑦] 周慧《江南水乡的可持续发展研究》(2015)分析了江南水乡可持续发展内涵，认为江南水乡开发中存在生态破坏等问题，提出要修复江南水乡生态环境，加快发展江南水乡经济，保护江南水乡地域文化，实现江南水乡可持续发展。[⑧]

江南水乡景观的研究主要有：唐旭《简谈江南水乡传统文化景观的延续》(2008)通过对江南水乡文化景观的综合分析，总结其价值，提出要延续江南水乡景观风貌，传承江南水乡传统文化。[⑨] 王罡《旅游影响下江南水乡建筑景观的保护规划策略》(2013)分析江南水乡建筑景观的特点，探究建筑景观对旅游经济的影响，提出保护江南水乡建筑景观空间格局、水网、街巷等，实现江南水

① 陆佳薇. 江南水乡水网地形与村落空间形态的关联研究[D]. 合肥工业大学，2020.
② 王瑞. 江南水乡气候与地貌特征下传统民居空间构成类型研究[D]. 湖南大学，2021.
③ 周学鹰、马晓. 中国江南水乡建筑文化[M]. 武汉：湖北教育出版社，2006.
④ 王亭. 江南水乡古镇建筑遗产保护与利用研究[D]. 东北师范大学，2015.
⑤ 顾雨拯. 江南水乡古镇历史环境中的新建筑植入研究[D]. 东南大学，2015.
⑥ 顾彦力. 江南水乡建筑文化元素的应用研究[J]. 美与时代(城市版)，2018(1)：13-15.
⑦ 程俐骢. 谈江南水乡旅游资源的开发[J]. 旅游科学，1995(4)：24-25.
⑧ 周慧. 江南水乡的可持续发展研究[D]. 苏州科技学院，2015.
⑨ 唐旭. 简谈江南水乡传统文化景观的延续[J]. 广西城镇建设，2008(12)：63-66.

乡建筑旅游可持续发展。① 林墨洋《画景·造境——基于美学视角下江南水乡古镇沿河空间景观形态研究》(2013)从意境、手法、思想三个方面研究江南水乡古镇沿河空间景观形态，为保护江南水乡古镇景观形态和地域文化传承提供参考。②

此外还有研究江南水乡民俗文化的，如徐媛媛等《江南水乡民俗服饰的形制及文化内涵》(2020)分析江南水乡民俗服饰、形制等，提出传承江南水乡民俗服饰文化。③

（二）江南水乡传统村落研究

学者对江南水乡传统村落的研究，主要集中在江南水乡传统村落空间形态、景观及其保护利用等方面。

江南水乡传统村落空间形态研究主要有：齐朦《江南地区传统村落公共空间整合与重构研究——以高淳蒋山村为例》(2015)从经济、文化等因素对江南地区传统村落公共空间的影响着手，根据传统村落形态特征，结合公共空间营造理论，通过高淳蒋山村实践案例，分析江南地区传统公共空间整合和重构策略。④ 王彤《自然山水形态中的浙江传统村落研究——以桐庐县江南镇荻浦村为例》(2019)分析了荻浦村的山水空间形态和村落水系分布，认为荻浦村是以同族、同宗、同姓为核心，形成团块状的聚集形态。⑤ 汪瑞霞《传统村落的文化生态及其价值重塑——以江南传统村落为中心》(2019)分析江南传统村落的空间生态、人文生态、市镇生态等，提出塑造江南传统村落乡土空间，激活市场生态，共享共建人文生态的策略。⑥

张钰婷《可持续发展目标下的江南水乡传统村落规划探索》(2021)分析江南水乡传统村落独特空间格局，认为江南水乡传统村落面临物质空间衰败的窘境，需要聚焦村落功能，坚持可持续发展，更新传统村落空间。⑦ 刘馨蕖《江南

---

① 王罡.旅游影响下江南水乡建筑景观的保护规划策略[J].艺术与设计(理论)，2013(12)：69-71.

② 林墨洋.画景·造境——基于美学视角下江南水乡古镇沿河空间景观形态研究[D].中国美术学院，2013.

③ 徐媛媛等.江南水乡民俗服饰的形制及文化内涵[J].纺织报告，2020(1)：93-94.

④ 齐朦.江南地区传统村落公共空间整合与重构研究——以高淳蒋山村为例[D].南京工业大学，2015.

⑤ 王彤.自然山水形态中的浙江传统村落研究——以桐庐县江南镇荻浦村为例[J].美术教育研究，2019(7)：97-99.

⑥ 汪瑞霞.传统村落的文化生态及其价值重塑——以江南传统村落为中心[J].江苏社会科学，2019(4)：213-223.

⑦ 张钰婷等.可持续发展目标下的江南水乡传统村落规划探索[J].智能建筑与智慧城市，2021(4)：60-63＋66.

传统村落空间艺术价值谱系建构研究》(2021)选取江南传统村落,绘制 728 个村落空间形态数据信息,解析江南传统村落空间艺术价值,凝聚价值要素,构建江南传统村落空间的艺术价值谱系。[①] 牟婷《江南地区古村落的空间传承与重构》(2022)分析江南地区村落格局,研究江南地区古村落居民的社会生活及空间演变,认为江南地区古村落需要空间转型,形成多样化的空间重构形式。[②]

江南水乡传统村落景观研究主要有:王灵芝《江南地区传统村落居住环境中诗性化景观营造研究》(2006)对江南诗性文化与传统村落居住景观的文化背景进行研究,分析江南传统村落居住环境中诗性化的景观内容和营造手法。[③] 唐健武《明清江南耕读村落的公共景观与空间研究》(2009)分析明清时期江南耕读村落的公共景观构成,认为村落的公共景观包括自然空间、街巷空间、祠堂空间等,提出封建等级制度对于村落建筑景观的影响。[④] 江俊美等《解读江南古村落符号景观元素的设计》(2009)对江南古村落符号景观元素的类型进行解析,利用古村落符号景观元素进行设计,赋予其文化内涵,形成独特的地域文化风格。[⑤]

武阳阳《江南水乡传统聚落核心空间景观特征的研究》(2013)分析江南水乡传统聚落形成过程,对核心空间景观内涵及价值进行研究,归纳总结江南水乡传统聚落核心空间类型,研究传统聚落的静态景观和动态景观。[⑥] 陶晓宇《江南地区传统村落景观的意象研究》(2018)从意象角度研究江南地区传统村落景观,构建江南地区传统村落景观意象体系,结合具体实践,提出江南地区传统村落景观意象重塑的基本导向。[⑦]

江南水乡传统村落保护研究主要有:孙明泉《江南古村落的景观价值及其可持续利用》(2000)深入研究江南古村落整体景观意象和环境布局,认为要保持江南古村落景观和谐,严控开发性建设,保持古村落传统文化氛围,控制人流量,坚持可持续发展原则,保护古村落民俗文化。[⑧] 阳建强《江南水乡古村的保护与发展——以常熟古村李市为例》(2009)分析了李市村的空间结构形态,发现古村空间形态蜕变,水网体系作用下降,提出构建古村传统风貌保护体系、保

① 刘馨蕖.江南传统村落空间艺术价值谱系建构研究[D].苏州大学,2021.
② 牟婷.江南地区古村落的空间传承与重构[J].艺术百家,2022(3):149-155.
③ 王灵芝.江南地区传统村落居住环境中诗性化景观营造研究[D].浙江大学,2006.
④ 唐健武.明清江南耕读村落的公共景观与空间研究[D].湖南师范大学,2009.
⑤ 江俊美等.解读江南古村落符号景观元素的设计[J].生态经济,2009(7):194-197.
⑥ 武阳阳.江南水乡传统聚落核心空间景观特征的研究[D].江南大学,2013.
⑦ 陶晓宇.江南地区传统村落景观的意象研究[D].苏州科技大学,2018.
⑧ 孙明泉.江南古村落的景观价值及其可持续利用[J].徽学,2000:269-280.

护古村历史空间环境的措施。[①] 阮春锋《"两新工程"中江南水乡特色村落保护研究与探索》(2011)针对秀洲区传统村落存在的生活原真性失真、特色性不明显等诸多问题,明确保护目标,采取有力保护开发措施。[②]

张媛媛、汪婷《新农村建设视角下传统村落保护现状与发展模式的探究——以新叶村、江南古村落群、诸葛八卦村模式为例》(2017)通过对新叶村、江南古村落群和诸葛八卦村分析,发现传统村落保护利用存在的问题,提出博物馆式、美丽资源变美丽经济等保护模式。[③] 林仙虹《江南传统村落文化基因识别及其表现——以荻港村为例》(2017)一文以湖州市荻港村为例,重点研究荻港村的鱼稻文化、桑蚕文化、水文化等文化基因,为荻港村保护开发提供参考。[④] 廖灿霞等《江南传统村落古建筑文化传承与保护》(2022)以南京杨柳村传统建筑群为例,分析现状和问题,提出古建筑保护修缮的建议。[⑤]

(三) 礼制建筑研究

礼制建筑包含广泛,有坛、庙、祠、明堂、朝堂、牌坊等,众多学者集中在中国古代都城礼制建筑形制及布局、礼制建筑保护利用等方面进行了深入研究,形成了一系列成果。

刘兴、汪霞《周易数理对中国古代礼制建筑布局的作用和影响》(2008)运用周易中的数理分析古代礼制建筑布局,探讨周易对礼制建筑的影响。[⑥] 李玲《儒家之"礼"对中国古代礼制建筑的影响》(2020)对坛、庙、墓葬空间布局进行分析,探究其中蕴含的礼制文化,认为礼制建筑是礼文化的载体。[⑦] 赵玉春《礼制建筑体系文化艺术史论》(2022)通过远古时期考古发现阐述礼制建筑,探究天神体系礼制建筑、地祇体系礼制建筑、人鬼与杂神体系礼制建筑的演变历程,对礼制建筑体系空间内容与形态艺术进行了研究。[⑧]

---

① 阳建强.江南水乡古村的保护与发展——以常熟古村李市为例[J].城市规划,2009(7):88-91+96.

② 阮春锋等."两新工程"中江南水乡特色村落保护研究与探索[J].小城镇建设.2011(7):101-104.

③ 张媛媛、汪婷.新农村建设视角下传统村落保护现状与发展模式的探究——以新叶村、江南古村落群、诸葛八卦村模式为例[J].中国市场,2017(2):108-110.

④ 林仙虹.江南传统村落文化基因识别及其表现——以荻港村为例[J].农村经济与科技,2017(11):247-248.

⑤ 廖灿霞、陈若仪、李晨昕.江南传统村落古建筑文化传承与保护[J].商业文化,2022(3):140-141.

⑥ 刘兴、汪霞.周易数理对中国古代礼制建筑布局的作用和影响[J].华中建筑,2008(3):31-34.

⑦ 李玲.儒家之"礼"对中国古代礼制建筑的影响[J].江西社会科学,2020(11):231-237.

⑧ 赵玉春.礼制建筑体系文化艺术史论[M].北京:中国建材工业出版社,2022.

关于都城礼制建筑的研究主要有：朱士光《初论我国古代都城礼制建筑的演变及其与儒学之关系》(1998)对夏朝至秦朝、西汉至南宋、元明清三个阶段的都城礼制建筑进行了研究，认为这些礼制建筑受到儒家思想的影响，蕴含着儒家文化内涵。① 卢海鸣《六朝建康礼制建筑考略》(2001)对六朝建康南郊坛、北郊坛、宗庙与社稷进行了研究，分析六朝建康礼制建筑中的位置、地位、作用。② 徐卫民《秦都城中礼制建筑研究》(2004)对秦都城中郊祀、宗庙、社稷礼制建筑进行研究，探析秦都城礼制建筑的特点及其影响。③

李栋《先秦礼制建筑考古学研究》(2010)对先秦时期礼制建筑进行了系统研究，将先秦时期礼制建筑分为原始宗教遗迹、礼仪性建筑、礼治建筑、礼制建筑，探究先秦时期礼制建筑布局规划思想、建筑技术。④ 李季真《镐京西周礼制建筑探析》(2016)通过镐京遗址的勘探发掘，研究西周礼制思想在镐京西周礼制建筑中的体现。⑤

汉唐都城礼制建筑是学者研究较多的，如姜波《汉唐都城礼制建筑研究》(2001)分别对秦咸阳城、西汉长安城、东汉洛阳城、唐长安城郊祀、宗庙、社稷礼制建筑进行分类论述，认为礼制建筑教化功能逐渐加强。⑥ 雷晓伟《两汉都城礼制建筑比较研究》(2010)对两汉都城的明堂、辟雍、灵台、太学、宗庙社稷以及郊祀遗址进行比较研究，探究礼制建筑布局异同以及发展轨迹。⑦ 方原《东汉洛阳礼制建筑研究》(2011)对东汉洛阳南北郊、五郊、社稷、六宗、宗庙、明堂、辟雍、灵台、太学等礼制建筑进行研究，分析洛阳礼制建筑的形成特点。⑧ 岑雅婷《唐代礼制建筑探析——以宫殿建筑为例》(2019)以唐朝宫殿建筑为例，研究唐代礼制建筑的形式美学和伦理功能。⑨

一些学者专门针对汉长安城礼制建筑保护与利用进行了研究，如伊超《汉长安城遗址礼制建筑区保护与城市更新研究》(2019)在对汉长安城遗址礼制建筑现状进行分析的基础上，提出礼制建筑保护原则、保护措施，结合城市更新探讨礼制建筑区功能更新规划。⑩ 赵浩《汉长安城礼制建筑遗址层积空间展示设

① 朱士光.初论我国古代都城礼制建筑的演变及其与儒学之关系[J].唐都学刊，1998(1)：32-35.
② 卢海鸣.六朝建康礼制建筑考略[J].洛阳工学院学报(社会科学版)，2001(4)：18-22.
③ 徐卫民.秦都城中礼制建筑研究[J].人文杂志，2004(1)：145-150.
④ 李栋.先秦礼制建筑考古学研究[D].山东大学，2010.
⑤ 李季真.镐京西周礼制建筑探析[J].文史博览(理论)，2016(12)：18-19.
⑥ 姜波.汉唐都城礼制建筑研究[D].中国社会科学院研究生院，2001.
⑦ 雷晓伟.两汉都城礼制建筑比较研究[J].濮阳职业技术学院学报，2010(1)：55-57.
⑧ 方原.东汉洛阳礼制建筑研究[J].秦汉研究，2011(5)：56-65.
⑨ 岑雅婷.唐代礼制建筑探析——以宫殿建筑为例[J].戏剧之家，2019(27)：153.
⑩ 伊超.汉长安城遗址礼制建筑区保护与城市更新研究[D].西北大学，2019.

计方法研究》(2022)分析汉长安城礼制建筑遗址的时代堆积特征，在此基础上提出汉长安城礼制建筑遗址层积空间展示设计方法，并对明堂辟雍等遗址层积空间进行展示设计应用。①

祠堂是江南水乡传统村落礼制建筑重要组成部分，学者对于江南水乡传统村落礼制建筑的研究主要集中在祠堂，从祠堂形制、空间布局、建筑形态、装饰艺术以及祠堂文化传承等方面进行研究。

关于江南水乡传统村落祠堂建筑形制、空间形态等方面的研究主要有：白冰洋《清代宜兴荆溪地区的祠堂、宗族与地方社会》(2016)对清代宜兴荆溪地区的祠堂进行研究，分析祠堂发展、分布和规模，探究祠堂与宗族、地方社会之间的关系。② 周晓菡《建构视角下的无锡宗祠建筑构造特征研究》(2017)从无锡宗祠建筑的大木构架和小木作入手，分析构造特征，探析无锡宗祠建筑营造过程，归纳宗祠建筑营造特征。③ 赵宗楷《江苏民间宗祠空间美学特征与文化价值研究》(2019)从建筑形制、空间形态、装饰、取材、工艺等方面归纳江苏民间宗祠空间的形态特征，分析江苏民间宗祠的审美价值和文化价值。④ 王璐《浙江中西部地区乡土祠堂空间格局浅析》(2019)对建德市新叶古村崇仁堂的特殊平面形制进行研究，认为崇仁堂为“工”字形形制，并分析其成因。⑤ 李元媛《太湖流域移民村落祠堂建筑特征》(2022)以镇江敦睦堂为例，从祠堂平面布局、建筑结构、雕刻艺术等方面研究太湖流域移民村落祠堂建筑的风格特征、功能特征、文化特征。⑥

关于江南水乡传统村落祠堂建筑装饰艺术的研究主要有：汪燕鸣《浙江明、清宗祠的构造特点及雕饰艺术——浙江宗祠建筑文化初探》(1997)从浙江宗祠类型和功能、平面布局、构造特点、雕饰艺术等方面研究，认为浙江宗祠建筑蕴含着丰富的历史文化信息。⑦ 陈凌广《浙西祠堂门楼的建筑装饰艺术》(2008)对杭州建德、淳安祠堂门楼的建筑特性、样式、结构与类型进行分析，探究门楼装饰布局的审美特性。⑧ 樊泽怡、丁继军《桐庐深澳村古宗祠概述及其

---

① 赵浩. 汉长安城礼制建筑遗址层积空间展示设计方法研究[D]. 西安建筑科技大学，2022.

② 白冰洋. 清代宜兴荆溪地区的祠堂、宗族与地方社会[D]. 南京师范大学，2016.

③ 周晓菡. 建构视角下的无锡宗祠建筑构造特征研究[D]. 江南大学，2017.

④ 赵宗楷. 江苏民间宗祠空间美学特征与文化价值研究[D]. 西安建筑科技大学，2019.

⑤ 王璐. 浙江中西部地区乡土祠堂空间格局浅析[J]. 建筑与文化，2019(6)：173-174.

⑥ 李元媛. 太湖流域移民村落祠堂建筑特征[J]. 南京林业大学学报(人文社会科学版)，2022(6)：115-123.

⑦ 汪燕鸣. 浙江明、清宗祠的构造特点及雕饰艺术——浙江宗祠建筑文化初探[J]. 华中建筑，1997(1)：104-108.

⑧ 陈凌广. 浙西祠堂门楼的建筑装饰艺术[J]. 文艺研究，2008(6)：137-139.

楹联解读》(2016)对深澳村申屠氏宗祠楹联进行了研究,分析楹联的不同含义,解读宗祠楹联文化。① 李元媛《祠堂建筑装饰艺术研究——以江苏镇江儒里村朱氏宗祠为例》(2019)以儒里村朱氏宗祠为例,从祠堂结构性和附加性装饰,内部装饰设置、三雕艺术等方面探讨朱氏宗祠装饰艺术。② 漆菁夫《浙江宗祠建筑装饰纹样之文化意蕴》(2020)将浙江宗祠建筑装饰纹样分为动物纹、植物纹、几何纹样,认为纹样中蕴含着道德教化、祈福纳祥等文化意蕴。③

关于祠堂文化及其保护传承方面的研究主要有:毕昌萍《"后转型期"浙江祠堂文化传承的问题及突破路径》(2017)从传承主体、传承内容、传承方式等方面分析浙江祠堂文化存在的问题,探讨浙江祠堂文化传承路径和策略。④ 邱耀《浙江传统村落祠堂文化传承研究》(2017)从祭祖礼仪文化、祖先崇拜及祭祀文化探究浙江祠堂文化内涵,提出要在传承中发展创新。⑤ 徐艳娟《高淳地区宗祠文化现象及功能转化初探》(2022)对三和村周氏宗祠进行了研究,提出传承乡土文化,将祠堂文化与传统文化融合,打造文化活动中心等祠堂文化传承路径。⑥

(四)传统建筑营造技艺研究

宋代李诫的《营造法式》是最完整的建筑设计和施工的规范书,清末民初姚成祖的《营造法原》较为全面地记录了江南地区传统木构建筑的营造技艺。二十世纪八九十年代,中国传统建筑营造技艺相关研究较多,如中国科学院自然科学史研究所《中国古代建筑技术史》(1985)、马炳坚《中国古代建筑木作营造技术》(1991)、刘大可《中国古建筑瓦石营法》(1993)等。

学者对于传统建筑营造技艺方面的研究主要关注官式建筑营造技艺、侗族木构建筑营造技艺、土楼营造技艺、闽南传统民居营造技艺、徽派传统民居营造技艺等。

李永革、王俪颖《最后的工匠 故宫里的官式古建筑营造技艺》(2013)对官式古建筑营造技艺(北京故宫)的八大作:瓦作、木作、石作、搭材(彩)作、土作、

① 樊泽怡、丁继军. 桐庐深澳村古宗祠概述及其楹联解读[J]. 现代装饰(理论),2016(8):219-220.

② 李元媛. 祠堂建筑装饰艺术研究——以江苏镇江儒里村朱氏宗祠为例[J]. 美术大观,2019(12):124-126.

③ 漆菁夫. 浙江宗祠建筑装饰纹样之文化意蕴[J]. 轻纺工业与技术,2020(5):20-21.

④ 毕昌萍. "后转型期"浙江祠堂文化传承的问题及突破路径[J]. 经营与管理,2017(4):131-133.

⑤ 邱耀. 浙江传统村落祠堂文化传承研究[J]. 海峡科技与产业,2017(7):91-92.

⑥ 徐艳娟. 高淳地区宗祠文化现象及功能转化初探[J]. 文物鉴定与鉴赏,2022(14):146-149.

油漆作、彩画作和裱糊作进行了深入研究。① 张赛娟、蒋卫平《湘西侗族木构建筑营造技艺传承与创新探究》(2017)通过调研发现湘西侗族木构建筑营造技艺现状及现实危机,分析湘西侗族木构建筑营造技艺传承的文化价值,提出动态传承、文旅融合等传承创新措施。② 钟灵芳《龙岩地区土楼建筑营造技艺及其保护与传承研究》(2017)选取龙岩地区土楼营造技艺进行研究,通过对匠师的访查和土楼营造流程的分析研究,提出土楼建筑营造技艺保护与传承策略。③ 林俊程《闽南民居传统营造技艺阐释与展示研究》(2019)通过对闽南传统民居营造技艺的调查,分析闽南民居传统营造技艺的环境、流变、文化特征以及技艺构成,从非遗角度提出闽南传统民居营造技艺展示策略,并通过具体设计实践加以论述。④ 王薇、韩子藤《非遗视角下徽派传统民居营造技艺传承与创新研究》(2021)从大木作、小木作、石匠活、砖瓦作、细部装饰等分析徽派传统民居营造技艺的内涵,从传承方式和保护方式提出徽派传统民居营造技艺保护与传承策略,并对创新和发展提出对策。⑤

目前没有江南水乡传统村落礼制建筑营造技艺的专门研究成果,相关研究大多为江南地区传统建筑营造技艺,以香山帮传统建筑营造技艺为主。

臧丽娜《明清时期苏州东山民居建筑艺术与香山帮建筑》(2004)介绍了香山帮概况,对香山帮拜师习俗进行详尽阐述,分析香山帮雕刻和彩画装饰艺术特色。⑥ 马全宝《香山帮传统营造技艺田野考察与保护方法探析》(2010)分析香山帮传统营造技艺遗产构成、技术特征和价值,了解香山帮传统营造技艺现状及问题,提出保护原则和方法。⑦ 董菁菁《香山帮传统建筑营造技艺研究》(2014)总结香山帮传统建筑营造技艺的价值、特征等,根据香山帮传统建筑营造流程和工艺特征,探索香山帮传统建筑营造技艺的保护措施。⑧

史百花《建筑技术理论化与香山帮技艺传承研究(1400—1950)》(2018)论述香山帮形成和发展,采用了文本化、数理化、标准化的方法分析香山帮传统建

① 李永革、王俪颖.最后的工匠 故宫里的官式古建筑营造技艺[J].中国文化遗产,2013(3):24-33+8.

② 张赛娟、蒋卫平.湘西侗族木构建筑营造技艺传承与创新探究[J].贵州民族研究,2017,38(7):84-87.

③ 钟灵芳.龙岩地区土楼建筑营造技艺及其保护与传承研究[D].华侨大学,2017.

④ 林俊程.闽南民居传统营造技艺阐释与展示研究[D].北京建筑大学,2019.

⑤ 王薇、韩子藤.非遗视角下徽派传统民居营造技艺传承与创新研究[J].住宅科技,2021(7):47-51+72.

⑥ 臧丽娜.明清时期苏州东山民居建筑艺术与香山帮建筑[J].民俗研究,2004(1):129-139.

⑦ 马全宝.香山帮传统营造技艺田野考察与保护方法探析[D].中国艺术研究院,2010.

⑧ 董菁菁.香山帮传统建筑营造技艺研究[D].青岛理工大学,2014.

筑营造技艺，探索香山帮传承方式的转变。[①] 张金菊《“香山帮”传统营造技艺的绿色思想研究》(2020)分析“香山帮”传统营造技艺发展脉络与绿色语境，从“香山帮”传统营造技艺中的自然观、技术观、人文观来分析香山帮传统营造技艺绿色思想的当代价值。[②] 杨明慧《香山帮建筑营造技艺的绿色解析及其当代发展》(2021)从生态观、美学观、环境观、工艺观等探究香山帮绿色营造观念，从因地域制宜、因工艺制宜等方面探究香山帮绿色营造技术，形成香山帮传统建筑营造技艺的当代发展策略。[③]

第三节 研究意义

传统村落文化是中华民族的“根文化”，江南水乡传统村落礼制建筑营造技艺是中国传统村落文化的重要组成部分，研究江南水乡传统村落礼制建筑营造技艺保护与传承，有助于充分体现礼制文化价值，为保护中国传统营造技艺提供科学的理论支撑。

当下，由于中国传统建筑营造技艺传承人年龄过大，传承方式较为单一，传统营造技艺面临着传承危机。江南水乡传统村落礼制建筑属于地域性建筑，与江南水乡历史文化和风俗习惯密切相关，是江南地域文化的集中体现，蕴含着江南水乡的文化底蕴。保护传承江南水乡传统村落礼制建筑营造技艺，挖掘传统建筑营造技艺特色，有助于提高人们对礼制建筑的保护意识，深化礼制文化的深层次认知，为保护传统技艺类非物质文化遗产提供参考借鉴。

① 史百花.建筑技术理论化与香山帮技艺传承研究(1400—1950)[D].苏州大学，2018.

② 张金菊.“香山帮”传统营造技艺的绿色思想研究[D].苏州大学，2020.

③ 杨明慧.香山帮建筑营造技艺的绿色解析及其当代发展[D].苏州大学，2021.

第二章 江南水乡传统村落概述

第一节 江南水乡传统村落概况

一、江南水乡传统村落的区域分布

本课题中江南地区涉及的范围为上海、杭州、嘉兴、湖州、南京、苏州、无锡、常州、镇江九个城市，通过查阅文献资料和走访调研，根据江南水乡传统村落的等级进行了分类。本书中各级传统村落名单统计时间截至 2023 年 8 月，共统计出 21 处中国历史文化名村，138 处中国传统村落，362 处省级传统村落。（表 2-1）

表 2-1 江南水乡传统村落分布情况一览表

级别 地区	中国历史文化名村	中国传统村落	省级传统村落
上海市	2	5	/
杭州市	6	65	63
嘉兴市	0	5	12
湖州市	2	6	35
南京市	2	5	62
苏州市	5	28	75
无锡市	1	11	47
常州市	3	3	31
镇江市	0	10	37
合计	21	138	362

2003年，住房和城乡建设部、国家文物局共同组织评选中国历史文化名镇名村，截至2023年8月已经评选出七批。江南水乡传统村落中获得中国历史文化名村称号的有：上海市2个，杭州市6个，湖州市2个，南京市2个，苏州市5个，无锡市1个，常州市3个。（表2-2）

表2-2　江南水乡中国历史文化名村名单

地区	序号	批次	时间	中国历史文化名村
上海市(2)	1	第六批	2014	上海市松江区泗泾镇下塘村
	2	第六批	2014	上海市闵行区浦江镇革新村
浙江省杭州市(6)	1	第三批	2007	杭州市桐庐县江南镇深澳村
	2	第五批	2010	杭州市建德市大慈岩镇新叶村
	3	第六批	2014	杭州市淳安县浪川乡芹川村
	4	第七批	2019	杭州市建德市大慈岩镇上吴方村
	5	第七批	2019	杭州市建德市大慈岩镇李村村
	6	第七批	2019	杭州市桐庐县富春江镇茆坪村
浙江省湖州市(2)	1	第六批	2014	湖州市南浔区和孚镇荻港村
	2	第六批	2014	湖州市安吉县鄣吴镇鄣吴村
江苏省南京市(2)	1	第六批	2014	南京市高淳区漆桥镇漆桥村
	2	第六批	2014	南京市江宁区湖熟街道杨柳村
江苏省苏州市(5)	1	第三批	2007	苏州市吴中区东山镇陆巷村
	2	第三批	2007	苏州市吴中区西山镇明月湾村
	3	第六批	2014	苏州市吴中区东山镇杨湾村
	4	第六批	2014	苏州市吴中区金庭镇东村
	5	第六批	2014	苏州市吴中区东山镇三山村
江苏省无锡市(1)	1	第五批	2010	无锡市惠山区玉祁街道礼社村
江苏省常州市(3)	1	第六批	2014	常州市武进区郑陆镇焦溪村
	2	第七批	2019	常州市武进区前黄镇杨桥村
	3	第七批	2019	常州市溧阳昆仑街道沙涨村

2012年，住房城乡建设部、文化部、财政部三部门联合评选中国传统村落，截至2023年8月已经公布六批。其中上海市5个，杭州市65个，嘉兴市5个，湖州市6个，南京市5个，苏州市28个，无锡市11个，常州市3个，镇江10个。（表2-3）

表 2-3 江南水乡中国传统村落名单

地区	序号	批次	时间	中国传统村落
上海市（5）	1	第一批	2012	上海市闵行区马桥镇彭渡村
	2	第一批	2012	上海市闵行区浦江镇革新村
	3	第一批	2012	上海市宝山区罗店镇东南弄村
	4	第一批	2012	上海市浦东新区康桥镇沔青村
	5	第一批	2012	上海市松江区泗泾镇下塘村
浙江省杭州市（65）	1	第一批	2012	杭州市富阳区龙门镇龙门村
	2	第一批	2012	杭州市建德市大慈岩镇新叶村
	3	第一批	2012	杭州市桐庐县江南镇深澳村
	4	第二批	2013	杭州市桐庐县富春江镇石舍村
	5	第二批	2013	杭州市桐庐县凤川街道翙岗村
	6	第二批	2013	杭州市桐庐县江南镇荻浦村
	7	第二批	2013	杭州市桐庐县江南镇徐畈村
	8	第二批	2013	杭州市淳安县鸠坑乡常青村
	9	第三批	2014	杭州市桐庐县富春江镇茆坪村
	10	第三批	2014	杭州市桐庐县江南镇环溪村
	11	第三批	2014	杭州市桐庐县莪山畲族乡新丰民族村戴家山村
	12	第三批	2014	杭州市桐庐县合村乡瑶溪村
	13	第三批	2014	杭州市淳安县浪川乡芹川村
	14	第三批	2014	杭州市建德市大慈岩镇李村村
	15	第三批	2014	杭州市建德市大慈岩镇上吴方村
	16	第四批	2016	杭州市萧山区河上镇东山村
	17	第四批	2016	杭州市桐庐县凤川街道三鑫村
	18	第四批	2016	杭州市桐庐县江南镇石阜村
	19	第四批	2016	杭州市桐庐县江南镇彰坞村
	20	第四批	2016	杭州市桐庐县新合乡引坑村
	21	第四批	2016	杭州市建德市更楼街道于合村
	22	第四批	2016	杭州市建德市杨村桥镇徐坑村百箩畈自然村
	23	第四批	2016	杭州市建德市大洋镇建南村章家自然村
	24	第四批	2016	杭州市建德市三都镇乌祥村
	25	第四批	2016	杭州市建德市大慈岩镇里叶村
	26	第四批	2016	杭州市建德市大慈岩镇双泉村
	27	第四批	2016	杭州市建德市大慈岩镇三元村麻车岗自然村

续表

地区	序号	批次	时间	中国传统村落
浙江省杭州市（65）	28	第四批	2016	杭州市建德市大慈岩镇檀村村樟宅坞自然村
	29	第四批	2016	杭州市建德市大慈岩镇大慈岩村大坞自然村
	30	第四批	2016	杭州市建德市大同镇劳村村
	31	第四批	2016	杭州市建德市大同镇上马村石郭源自然村
	32	第四批	2016	杭州市富阳区场口镇东梓关村
	33	第四批	2016	杭州市临安区锦南街道横岭村
	34	第四批	2016	杭州市临安区湍口镇童家村
	35	第四批	2016	杭州市临安区清凉峰镇杨溪村
	36	第四批	2016	杭州市临安区岛石镇呼日村
	37	第五批	2019	杭州市桐庐县桐君街道梅蓉村
	38	第五批	2019	杭州市桐庐县莪山畲族乡莪山民族村
	39	第五批	2019	杭州市淳安县威坪镇洞源村
	40	第五批	2019	杭州市淳安县梓桐镇练溪村
	41	第五批	2019	杭州市淳安县汾口镇赤川口村
	42	第五批	2019	杭州市淳安县中洲镇札溪村
	43	第五批	2019	杭州市淳安县中洲镇洄溪村
	44	第五批	2019	杭州市淳安县枫树岭镇上江村
	45	第五批	2019	杭州市淳安县左口乡龙源庄村
	46	第五批	2019	杭州市淳安县王阜乡龙头村
	47	第五批	2019	杭州市淳安县王阜乡金家岙村
	48	第五批	2019	杭州市建德市寿昌镇石泉村
	49	第五批	2019	杭州市建德市寿昌镇乌石村
	50	第五批	2019	杭州市建德市大慈岩镇檀村村湖塘村
	51	第五批	2019	杭州市临安区高虹镇石门村
	52	第五批	2019	杭州市临安区湍口镇塘秀村塘里村
	53	第六批	2023	杭州市桐庐县富春江镇俞赵村
	54	第六批	2023	杭州市建德市大慈岩镇陈店村
	55	第六批	2023	杭州市淳安县威坪镇贤茂村
	56	第六批	2023	杭州市临安区湍口镇湍源村
	57	第六批	2023	杭州市临安区湍口镇塘秀村
	58	第六批	2023	杭州市建德市三都镇寿峰村
	59	第六批	2023	杭州市淳安县里商乡里商村

续表

地区	序号	批次	时间	中国传统村落
浙江省杭州市（65）	60	第六批	2023	杭州市萧山区楼塔镇楼家塔村
	61	第六批	2023	杭州市萧山区进化镇大汤坞新村
	62	第六批	2023	杭州市富阳区永昌镇青何村
	63	第六批	2023	杭州市临安区太湖源镇指南村
	64	第六批	2023	杭州市临安区玲珑街道锦绣村
	65	第六批	2023	杭州市临安区高虹镇龙上村
浙江省嘉兴市（5）	1	第五批	2019	嘉兴市南湖区凤桥镇新民村
	2	第五批	2019	嘉兴市海宁市斜桥镇路仲村
	3	第五批	2019	嘉兴市桐乡市乌镇镇民合村
	4	第六批	2023	嘉兴市海盐县澉浦镇六里村
	5	第六批	2023	嘉兴市桐乡市洲泉镇马鸣村
浙江省湖州市（6）	1	第一批	2012	湖州市南浔区和孚镇荻港村
	2	第三批	2014	湖州市吴兴区织里镇义皋村
	3	第三批	2014	湖州市安吉县鄣吴镇鄣吴村
	4	第四批	2016	湖州市南浔区旧馆镇港胡-新兴港村
	5	第四批	2016	湖州市长兴县泗安镇上泗安村
	6	第五批	2019	湖州市长兴县煤山镇仰峰村
江苏省苏州市（28）	1	第一批	2012	苏州市吴中区东山镇陆巷村
	2	第一批	2012	苏州市吴中区金庭镇明月湾村
	3	第二批	2013	苏州市吴中区东山镇三山村
	4	第二批	2013	苏州市吴中区东山镇杨湾村
	5	第二批	2013	苏州市吴中区东山镇翁巷村
	6	第二批	2013	苏州市吴中区金庭镇东村村
	7	第二批	2013	苏州市常熟市古里镇李市村
	8	第三批	2014	苏州市吴中区金庭镇衙甪里村
	9	第三批	2014	苏州市吴中区金庭镇东蔡村
	10	第三批	2014	苏州市吴中区金庭镇植里村
	11	第三批	2014	苏州市吴中区香山街道舟山村
	12	第三批	2014	苏州市昆山市千灯镇歇马桥村
	13	第四批	2016	苏州市吴中区金庭镇蒋东村后埠村
	14	第四批	2016	苏州市吴中区金庭镇堂里村
	15	第六批	2023	苏州市吴江区七都镇开弦弓村

续表

地区	序号	批次	时间	中国传统村落
江苏省苏州市（28）	16	第六批	2023	苏州市昆山市张浦镇姜杭村
	17	第六批	2023	苏州市昆山市周庄镇东浜村
	18	第六批	2023	苏州市张家港市塘桥镇金村村
	19	第六批	2023	苏州市昆山市周市镇东方村
	20	第六批	2023	苏州市吴中区光福镇冲山村
	21	第六批	2023	苏州市昆山市锦溪镇朱浜村
	22	第六批	2023	苏州市常熟市碧溪街道李袁村
	23	第六批	2023	苏州市太仓市浮桥镇方桥村
	24	第六批	2023	苏州市吴江区平望镇溪港村
	25	第六批	2023	苏州市昆山市巴城镇武神潭村
	26	第六批	2023	苏州市吴中区东山镇双湾村
	27	第六批	2023	苏州市吴中区金庭镇缥缈村
	28	第六批	2023	苏州市太仓市浮桥镇三市村
江苏省无锡市（11）	1	第一批	2012	无锡市惠山区玉祁街道礼社村
	2	第二批	2013	无锡市锡山区羊尖镇严家桥村
	3	第六批	2023	无锡市宜兴市张渚镇祝陵村
	4	第六批	2023	无锡市宜兴市徐舍镇芳庄村
	5	第六批	2023	无锡市宜兴市周铁镇洋溪村
	6	第六批	2023	无锡市锡山区东港镇黄土塘村
	7	第六批	2023	无锡市宜兴市太华镇胥锦村
	8	第六批	2023	无锡市新吴区鸿山街道大坊桥村
	9	第六批	2023	无锡市宜兴市丁蜀镇三洞桥村
	10	第六批	2023	无锡市宜兴市新庄街道茭渎村
	11	第六批	2023	无锡市惠山区阳山镇阳山村
江苏省常州市（3）	1	第二批	2013	常州市武进区前黄镇杨桥村
	2	第三批	2014	常州市武进区郑陆镇焦溪村
	3	第五批	2019	常州市溧阳昆仑街道沙涨村
江苏省南京市（5）	1	第二批	2013	南京市江宁区湖熟街道杨柳村
	2	第二批	2013	南京市高淳区漆桥镇漆桥村
	3	第六批	2023	南京市溧水区白马镇石头寨村
	4	第六批	2023	南京市浦口区星甸街道王村村
	5	第六批	2023	南京市溧水区和凤镇张家村

续表

地区	序号	批次	时间	中国传统村落
江苏省镇江市（10）	1	第二批	2013	镇江市新区姚桥镇华山村
	2	第二批	2013	镇江市新区姚桥镇儒里村
	3	第二批	2013	镇江市丹阳市延陵镇九里村
	4	第二批	2013	镇江市丹阳市延陵镇柳茹村
	5	第五批	2019	镇江市丹徒区辛丰镇黄墟村
	6	第六批	2023	镇江市丹阳市曲阿街道建山村
	7	第六批	2023	镇江市丹阳市曲阿街道祈钦村
	8	第六批	2023	镇江市丹阳市曲阿街道张巷村
	9	第六批	2023	镇江市丹徒区宝堰镇宝堰村
	10	第六批	2023	镇江市丹徒区辛丰镇龙山村

各地也纷纷开展了省级传统村落认定工作，2017 年浙江省开始评选省级传统村落，杭州市 63 个，嘉兴市 12 个，湖州市 35 个传统村落被列入省级传统村落名录。2017 年 9 月，江苏省政府以政府令形式印发《江苏省传统村落保护办法》。2020 年江苏省住建厅开展江苏省省级传统村落认定工作，截至 2023 年 8 月已经评选出六批传统村落，其中南京市 62 个，苏州市 75 个，无锡市 47 个，常州市 31 个，镇江 37 个。（表 2-4）

表 2-4　江南水乡省级传统村落名单

地区	序号	批次	时间	省级传统村落
浙江省杭州市（63）	1	第一批	2017	杭州市萧山区衙前镇凤凰村
	2	第一批	2017	杭州市萧山区戴村镇尖山下村
	3	第一批	2017	杭州市余杭区中泰街道白云村
	4	第一批	2017	杭州市余杭区中泰街道双联村
	5	第一批	2017	杭州市余杭区鸬鸟镇山沟沟村茅塘自然村
	6	第一批	2017	杭州市富阳区永昌镇青何村
	7	第一批	2017	杭州市桐庐县江南镇珠山村乳泉自然村
	8	第一批	2017	杭州市桐庐县江南镇石阜村石联自然村
	9	第一批	2017	杭州市桐庐县江南镇石泉村
	10	第一批	2017	杭州市桐庐县江南镇珠山村王家自然村
	11	第一批	2017	杭州市桐庐县江南镇珠山村吴家自然村
	12	第一批	2017	杭州市桐庐县江南镇珠山村俞家自然村
	13	第一批	2017	杭州市桐庐县江南镇窄溪村窄溪自然村

续表

地区	序号	批次	时间	省级传统村落
浙江省杭州市（63）	14	第一批	2017	杭州市桐庐县莪山畲族乡莪山民族村
	15	第一批	2017	杭州市桐庐县莪山畲族乡中门民族村
	16	第一批	2017	杭州市桐庐县富春江镇俞赵村
	17	第一批	2017	杭州市桐庐县城南街道岩桥村
	18	第一批	2017	杭州市桐庐县新合乡松山村
	19	第一批	2017	杭州市桐庐县桐君街道梅蓉村
	20	第一批	2017	杭州市建德市三都镇寿峰村里陈自然村
	21	第一批	2017	杭州市建德市三都镇梓里村
	22	第一批	2017	杭州市建德市下涯镇丰和村孙家自然村
	23	第一批	2017	杭州市建德市更楼街道邓家村
	24	第一批	2017	杭州市建德市更楼街道石岭村
	25	第一批	2017	杭州市建德市更楼街道甘溪村
	26	第一批	2017	杭州市建德市航头镇珏塘村
	27	第一批	2017	杭州市建德市航头镇石木岭村宙坞源自然村
	28	第一批	2017	杭州市建德市寿昌镇石泉村
	29	第一批	2017	杭州市建德市寿昌镇乌石村
	30	第一批	2017	杭州市建德市大同镇溪口村
	31	第一批	2017	杭州市建德市大同镇盘山村
	32	第一批	2017	杭州市建德市大同镇富塘村
	33	第一批	2017	杭州市建德市大慈岩镇檀村村湖塘自然村
	34	第一批	2017	杭州市建德市大慈岩镇汪山村赤姑坪自然村
	35	第一批	2017	杭州市建德市大慈岩镇三元村下金刘自然村
	36	第一批	2017	杭州市建德市大慈岩镇陈店村
	37	第一批	2017	杭州市临安区湍口镇湍源村
	38	第一批	2017	杭州市临安区湍口镇塘秀村塘里自然村
	39	第一批	2017	杭州市临安区湍口镇塘秀村秀上自然村
	40	第一批	2017	杭州市临安区太湖源镇白沙村
	41	第一批	2017	杭州市临安区太湖源镇指南村
	42	第一批	2017	杭州市临安区太湖源镇东天目村
	43	第一批	2017	杭州市临安区龙岗镇玉山村
	44	第一批	2017	杭州市临安区龙岗镇峡谷源村
	45	第一批	2017	杭州市临安区高虹镇龙上村

续表

地区	序号	批次	时间	省级传统村落
浙江省杭州市(63)	46	第一批	2017	杭州市临安区高虹镇石门村
	47	第一批	2017	杭州市临安区玲珑街道锦绣村
	48	第一批	2017	杭州市淳安县天目山镇一都村
	49	第一批	2017	杭州市淳安县天目山镇桂芳桥村
	50	第一批	2017	杭州市淳安县汾口镇赤川口村
	51	第一批	2017	杭州市淳安县枫树岭镇丰家源村
	52	第一批	2017	杭州市淳安县枫树岭镇上江村
	53	第一批	2017	杭州市淳安县枫树岭镇白马村
	54	第一批	2017	杭州市淳安县枫树岭镇下姜村
	55	第一批	2017	杭州市淳安县里商乡里商村
	56	第一批	2017	杭州市淳安县左口乡龙源庄村
	57	第一批	2017	杭州市淳安县威坪镇洞源村
	58	第一批	2017	杭州市淳安县威坪镇岭脚村
	59	第一批	2017	杭州市淳安县王埠乡金家岙村
	60	第一批	2017	杭州市淳安县王埠乡龙头村
	61	第一批	2017	杭州市淳安县梓桐镇练溪村
	62	第一批	2017	杭州市淳安县中洲镇洄溪村
	63	第一批	2017	杭州市淳安县中洲镇札溪村
浙江省湖州市(35)	1	第一批	2017	湖州市吴兴区道场乡菰城村
	2	第一批	2017	湖州市吴兴区高新区大钱村
	3	第一批	2017	湖州市吴兴区高新区东桥村
	4	第一批	2017	湖州市吴兴区织里镇伍浦村
	5	第一批	2017	湖州市吴兴区东林镇泉益村
	6	第一批	2017	湖州市吴兴区八里店镇路村村
	7	第一批	2017	湖州市吴兴区八里店镇移沿山村
	8	第一批	2017	湖州市吴兴区埭溪镇红旗村
	9	第一批	2017	湖州市吴兴区埭溪镇大冲村
	10	第一批	2017	湖州市吴兴区埭溪镇盛家坞村
	11	第一批	2017	湖州市吴兴区埭溪镇茅坞村
	12	第一批	2017	湖州市吴兴区妙西镇五星村
	13	第一批	2017	湖州市南浔区菱湖镇射中村
	14	第一批	2017	湖州市南浔区菱湖镇下昂村

续表

地区	序号	批次	时间	省级传统村落
浙江省湖州市（35）	15	第一批	2017	湖州市南浔区菱湖镇竹墩村
	16	第一批	2017	湖州市南浔区菱湖镇新庙里村
	17	第一批	2017	湖州市南浔区菱湖镇南双林村
	18	第一批	2017	湖州市南浔区善琏镇含山村
	19	第一批	2017	湖州市南浔区善琏镇善琏村
	20	第一批	2017	湖州市南浔区千金镇商墓村
	21	第一批	2017	湖州市南浔区千金镇东马干村
	22	第一批	2017	湖州市南浔区练市镇荃步村
	23	第一批	2017	湖州市南浔区和孚镇民当村
	24	第一批	2017	湖州市南浔区和孚镇新荻村
	25	第一批	2017	湖州市南浔区和孚镇陈塔村
	26	第一批	2017	湖州市德清县钟管镇蠡山村
	27	第一批	2017	湖州市德清县下渚湖街道二都村
	28	第一批	2017	湖州市德清县洛舍镇东衡村
	29	第一批	2017	湖州市德清县新市镇白彪村
	30	第一批	2017	湖州市长兴县煤山镇仰峰村
	31	第一批	2017	湖州市安吉县上墅乡龙王村
	32	第一批	2017	湖州市安吉县昌硕街道双一村
	33	第一批	2017	湖州市安吉县递铺街道鹤鹿溪村
	34	第一批	2017	湖州市安吉县递铺街道古城村
	35	第一批	2017	湖州市安吉县章村镇郎村
浙江省嘉兴市（12）	1	第一批	2017	嘉兴市秀洲区王店镇建林村
	2	第一批	2017	嘉兴市南湖区凤桥镇新民村
	3	第一批	2017	嘉兴市嘉善县姚庄镇展幸村莲花泾自然村
	4	第一批	2017	嘉兴市嘉善县陶庄镇汾南村
	5	第一批	2017	嘉兴市平湖市曹桥街道马厩村
	6	第一批	2017	嘉兴市平湖市新埭镇鱼圻塘村
	7	第一批	2017	嘉兴市平湖市广陈镇山塘村
	8	第一批	2017	嘉兴市海盐县澉浦镇六里村
	9	第一批	2017	嘉兴市海宁市斜桥镇路仲村
	10	第一批	2017	嘉兴市海宁市黄湾镇尖山村
	11	第一批	2017	嘉兴市海宁市周王庙镇云龙村
	12	第一批	2017	嘉兴市桐乡市乌镇镇民合村船丰浜自然村

续表

地区	序号	批次	时间	省级传统村落
江苏省苏州市（75）	1	第一批	2020	苏州市吴中区金庭镇东村村东村
	2	第一批	2020	苏州市吴中区金庭镇蒋东村后埠
	3	第一批	2020	苏州市吴中区金庭镇堂里村堂里
	4	第一批	2020	苏州市吴中区金庭镇石公村明月湾
	5	第一批	2020	苏州市吴中区金庭镇东村村植里
	6	第一批	2020	苏州市吴中区金庭镇东蔡村东蔡
	7	第一批	2020	苏州市吴中区金庭镇衙角里村角里
	8	第一批	2020	苏州市吴中区金庭镇缥缈村西蔡
	9	第一批	2020	苏州市吴中区东山镇陆巷村陆巷
	10	第一批	2020	苏州市吴中区东山镇杨湾村杨湾、上湾
	11	第一批	2020	苏州市吴中区东山镇莫厘村翁巷
	12	第一批	2020	苏州市吴中区东山镇三山村桥头
	13	第一批	2020	苏州市吴中区香山街道舟山村舟山
	14	第一批	2020	苏州市吴中区临湖镇灵湖村黄墅
	15	第一批	2020	苏州市张家港市凤凰镇恬庄村恬庄
	16	第一批	2020	苏州市昆山市周庄镇祁浜村三株浜
	17	第一批	2020	苏州市昆山市千灯镇歇马桥村歇马桥
	18	第一批	2020	苏州市昆山市张浦镇姜杭村姜里
	19	第一批	2020	苏州市昆山市锦溪镇朱浜村祝家甸
	20	第一批	2020	苏州市常熟市古里镇李市村李市
	21	第一批	2020	苏州市常熟市辛庄镇吕舍村吕舍
	22	第一批	2020	苏州市常熟市碧溪新区李袁村问村
	23	第一批	2020	苏州市常熟市梅李镇沈市村沈市
	24	第一批	2020	苏州市太仓市浮桥镇三市村三家市
	25	第一批	2020	苏州市太仓市沙溪镇泥桥村安里街
	26	第二批	2020	苏州市昆山市周市镇东方村振东侨乡
	27	第二批	2020	苏州市吴江区七都镇开弦弓村开弦弓
	28	第二批	2020	苏州市吴江区松陵街道南厍村南厍
	29	第二批	2020	苏州市吴中区甪直镇瑶盛村东浜
	30	第二批	2020	苏州市吴中区香山街道长沙社区施家湾
	31	第二批	2020	苏州市吴中区香山街道长沙社区南旺村
	32	第三批	2020	苏州市张家港市凤凰镇双塘村肖家巷

续表

地区	序号	批次	时间	省级传统村落
江苏省苏州市（75）	33	第三批	2020	苏州市张家港市塘桥镇金村村金村
	34	第三批	2020	苏州市常熟市董浜镇观智村天主堂
	35	第三批	2020	苏州市昆山市张浦镇金华村北华翔
	36	第三批	2020	苏州市昆山市张浦镇赵陵村赵陵
	37	第三批	2020	苏州市昆山市淀山湖镇永新村六如墩
	38	第三批	2020	苏州市昆山市锦溪镇张家厍村张家厍
	39	第三批	2020	苏州市吴江区黎里镇东联村许庄
	40	第三批	2020	苏州市吴江区同里镇北联村洋溢港
	41	第三批	2020	苏州市吴中区东山镇杨湾村西巷
	42	第三批	2020	苏州市吴中区角直镇湖浜村田肚浜
	43	第三批	2020	苏州市吴中区临湖镇石舍村柳舍
	44	第三批	2020	苏州市吴中区横泾街道上林村东林渡
	45	第三批	2020	苏州市吴中区越溪街道张桥村西山塘
	46	第三批	2020	苏州市吴中区越溪街道旺山村钱家坞
	47	第三批	2020	苏州市吴中区越溪街道旺山村西坞里
	48	第三批	2020	苏州市相城区望亭镇迎湖村南河港
	49	第三批	2020	苏州市相城区望亭镇迎湖村仁巷
	50	第三批	2020	苏州市相城区黄埭镇冯梦龙村冯埂上
	51	第三批	2020	苏州市高新区通安镇树山村戈家坞
	52	第三批	2020	苏州市高新区通安镇树山村虎窠里
	53	第三批	2020	苏州市高新区通安镇树山村大石坞
	54	第三批	2020	苏州市高新区通安镇树山村唐家坞
	55	第四批	2021	苏州市吴中区东山镇杨湾村石桥
	56	第四批	2021	苏州市昆山市巴城镇绰墩山村庙前
	57	第四批	2021	苏州市昆山市巴城镇武神潭村武神潭
	58	第四批	2021	苏州市昆山市千灯镇吴桥村吴家桥
	59	第四批	2021	苏州市昆山市周庄镇东浜村银子浜
	60	第五批	2021	苏州市太仓市浮桥镇方桥村方家桥
	61	第五批	2021	苏州市昆山市锦溪镇马援庄村马援庄
	62	第五批	2021	苏州市吴江区黎里镇东联村枫里桥
	63	第五批	2021	苏州市吴江区黎里镇三好村江泽
	64	第五批	2021	苏州市吴江区桃源镇严幕村西亭

续表

地区	序号	批次	时间	省级传统村落
江苏省苏州市（75）	65	第五批	2021	苏州市吴江区震泽镇众安桥村谢家路
	66	第五批	2021	苏州市吴江区平望镇溪港村溪港
	67	第五批	2021	苏州市吴中区东山镇陆巷村山址
	68	第五批	2021	苏州市吴中区东山镇双湾村古周巷
	69	第五批	2021	苏州市吴中区光福镇冲山村东头
	70	第五批	2021	苏州市吴中区光福镇冲山村西头
	71	第五批	2021	苏州市吴中区木渎镇天池村北竹坞
	72	第六批	2022	苏州市吴江区盛泽镇龙旺村龙泉嘴
	73	第六批	2022	苏州市昆山市周庄镇祁浜村寒贞
	74	第六批	2022	苏州市昆山市张浦镇尚明甸村尚明甸
	75	第六批	2022	苏州市昆山市淀山湖镇度城村渡城
江苏省无锡市（47）	1	第一批	2020	无锡市锡山区羊尖镇严家桥村严家桥
	2	第一批	2020	无锡市惠山区玉祁街道礼社村礼社
	3	第一批	2020	无锡市宜兴市徐舍镇芳庄村芳庄
	4	第一批	2020	无锡市宜兴市芳桥街道后村村后村
	5	第一批	2020	无锡市宜兴市张渚镇南门村里干
	6	第一批	2020	无锡市宜兴市张渚镇祝陵村国山
	7	第一批	2020	无锡市宜兴市丁蜀镇三洞桥村前墅
	8	第一批	2020	无锡市宜兴市新庄街道茭渎村茭渎老街
	9	第一批	2020	无锡市江阴市徐霞客镇湖塘村湖塘街
	10	第一批	2020	无锡市江阴市徐霞客镇北渚村东街
	11	第二批	2020	无锡市宜兴市西渚镇白塔村窑山
	12	第二批	2020	无锡市宜兴市周铁镇彭干村庵前塘门
	13	第二批	2020	无锡市宜兴市周铁镇洋溪村洋溪
	14	第二批	2020	无锡市宜兴市官林镇义庄村南塍
	15	第二批	2020	无锡市宜兴市丁蜀镇洑东村兰佑
	16	第二批	2020	无锡市宜兴市高塍镇塍西村亳村
	17	第二批	2020	无锡市宜兴市高塍镇梅家渎村梅家渎
	18	第二批	2020	无锡市宜兴市张渚镇龙池村丁墅
	19	第二批	2020	无锡市宜兴市和桥镇闸口村永定
	20	第三批	2020	无锡市江阴市顾山镇红豆村红豆树坞
	21	第三批	2020	无锡市江阴市云亭街道花山村姚家
	22	第三批	2020	无锡市宜兴市太华镇乾元村乾元

续表

地区	序号	批次	时间	省级传统村落
江苏省无锡市（47）	23	第三批	2020	无锡市宜兴市西渚镇白塔村薛家桥
	24	第三批	2020	无锡市锡山区鹅湖镇鹅湖村蒋塘坝
	25	第三批	2020	无锡市锡山区锡北镇周家阁村周家堂
	26	第三批	2020	无锡市惠山区阳山镇阳山村朱村
	27	第三批	2020	无锡市惠山区阳山镇桃源村前寺舍
	28	第四批	2021	无锡市江阴市南闸街道观西村陶湾
	29	第四批	2021	无锡市新吴区鸿山街道大坊桥村金家里
	30	第五批	2021	无锡市江阴市璜土镇璜土村马家头
	31	第五批	2021	无锡市江阴市顾山镇赤岸村赤岸
	32	第五批	2021	无锡市江阴市长泾镇蒲市村蒲市里
	33	第五批	2021	无锡市江阴市长泾镇刘桥村叶家桥
	34	第五批	2021	无锡市宜兴市西渚镇五圣村五圣组
	35	第五批	2021	无锡市宜兴市太华镇太平村太平
	36	第五批	2021	无锡市宜兴市太华镇胥锦村胥锦
	37	第五批	2021	无锡市宜兴市周铁镇徐渎村师渎
	38	第五批	2021	无锡市锡山区东港镇黄土塘黄西
	39	第五批	2021	无锡市锡山区锡北镇寨门村寨门
	40	第五批	2021	无锡市滨湖区雪浪街道许舍社区尧歌里
	41	第六批	2022	无锡市锡山区羊尖镇严家桥村西三家
	42	第六批	2022	无锡市惠山区洛社镇秦巷村蒋巷
	43	第六批	2022	无锡市惠山区阳山镇新渎社区庙墩
	44	第六批	2022	无锡市滨湖区马山街道和平社区牛塘
	45	第六批	2022	无锡市滨湖区雪浪街道葛埭社区葛埭桥
	46	第六批	2022	无锡市宜兴市太华镇太华村襄阳
	47	第六批	2022	无锡市宜兴市周铁镇棠下村傍杏
江苏省常州市（31）	1	第一批	2020	常州市天宁区郑陆镇焦溪村南下塘
	2	第一批	2020	常州市新北区春江镇魏村老街
	3	第一批	2020	常州市新北区孟河镇万绥社区万绥
	4	第一批	2020	常州市武进区前黄镇杨桥村杨桥老街
	5	第一批	2020	常州市武进区雪堰镇城西回民村陡门塘
	6	第一批	2020	常州市武进区雪堰镇雪西村雪西
	7	第一批	2020	常州市溧阳市竹箦镇陆笪村陆笪

续表

地区	序号	批次	时间	省级传统村落
江苏省常州市（31）	8	第一批	2020	常州市溧阳市别桥镇塘马村塘马
	9	第一批	2020	常州市溧阳市上兴镇余巷村牛马塘
	10	第一批	2020	常州市溧阳市戴埠镇同官村灵官
	11	第一批	2020	常州市溧阳市昆仑街道毛场村沙涨
	12	第二批	2020	常州市溧阳市别桥镇黄金山村黄金山
	13	第二批	2020	常州市金坛区指前镇东浦村东浦
	14	第二批	2020	常州市武进区洛阳镇天井村杨巷
	15	第二批	2020	常州市武进区雪堰镇南山村张墓
	16	第二批	2020	常州市武进区雪堰镇雅浦村雅浦
	17	第二批	2020	常州市武进区雪堰镇漕桥村漕桥
	18	第三批	2020	常州市新北区西夏墅镇梅林村金家
	19	第三批	2020	常州市新北区西夏墅镇东南村韩村
	20	第三批	2020	常州市天宁区郑陆镇查家村查家湾
	21	第三批	2020	常州市武进区湟里镇西墅村里墅
	22	第三批	2020	常州市武进区湟里镇西墅村黄金塘
	23	第四批	2021	常州市新北区魏村街道青城村青城
	24	第四批	2021	常州市新北区奔牛镇东桥村史陈家
	25	第五批	2021	常州市溧阳市溧城街道八字桥村礼诗圩
	26	第五批	2021	常州市溧阳市南渡镇庆丰村陆家
	27	第五批	2021	常州市溧阳市天目湖镇桂林村上桂林
	28	第五批	2021	常州市武进区礼嘉镇礼嘉村鱼池
	29	第五批	2021	常州市新北区奔牛镇新市村塘上
	30	第六批	2022	常州市天宁区郑陆镇丰北村蔡岐
	31	第六批	2022	常州市武进区雪堰镇南宅村北街头
江苏省南京市（62）	1	第一批	2020	南京市江宁区湖熟街道杨柳湖社区前杨柳
	2	第一批	2020	南京市江宁区东山街道佘村社区王家
	3	第一批	2020	南京市江宁区江宁街道牌坊村黄龙岘
	4	第一批	2020	南京市江宁区横溪街道勇跃村油坊桥
	5	第一批	2020	南京市江宁区横溪街道石塘村前石塘
	6	第一批	2020	南京市高淳区漆桥街道漆桥村漆桥
	7	第一批	2020	南京市高淳区东坝街道东坝村汤家
	8	第一批	2020	南京市高淳区桠溪街道跃进村西舍

续表

地区	序号	批次	时间	省级传统村落
江苏省南京市（62）	9	第一批	2020	南京市高淳区东坝街道青山村垄上
	10	第一批	2020	南京市溧水区洪蓝街道塘西村仓口
	11	第一批	2020	南京市溧水区白马镇石头寨村李巷
	12	第一批	2020	南京市溧水区晶桥镇芮家村石山下
	13	第一批	2020	南京市溧水区和凤镇张家村诸家
	14	第二批	2020	南京市浦口区桥林街道林蒲社区江坂组
	15	第二批	2020	南京市浦口区星甸街道九华村山滕组
	16	第三批	2020	南京市浦口区星甸街道后圩村胡岐组
	17	第三批	2020	南京市浦口区星甸街道王村村王村组
	18	第三批	2020	南京市浦口区汤泉街道瓦殿村周庄、关口章
	19	第三批	2020	南京市栖霞区西岗街道桦墅村周冲
	20	第三批	2020	南京市江宁区横溪街道石塘村后石塘
	21	第三批	2020	南京市江宁区横溪街道许呈村大呈
	22	第三批	2020	南京市江宁区横溪街道西岗社区陶高
	23	第三批	2020	南京市江宁区横溪街道西岗社区朱高
	24	第三批	2020	南京市江宁区汤山街道阜庄村石地
	25	第三批	2020	南京市江宁区秣陵街道元山社区观音殿
	26	第三批	2020	南京市江宁区禄口街道曹村村山阴
	27	第三批	2020	南京市江宁区禄口街道溧塘村铜山端
	28	第三批	2020	南京市江宁区淳化街道青山社区上堰
	29	第三批	2020	南京市六合区龙袍街道长江社区三组
	30	第三批	2020	南京市溧水区洪蓝街道蒲塘社区蒲塘
	31	第三批	2020	南京市高淳区砖墙镇周城村中和
	32	第三批	2020	南京市高淳区固城街道游山村陈村
	33	第三批	2020	南京市高淳区东坝街道游子山村大仁凹
	34	第四批	2021	南京市浦口区星甸街道石村村驷马组
	35	第四批	2021	南京市浦口区汤泉街道陈庄村张二乐组
	36	第四批	2021	南京市浦口区汤泉街道泉东村吴林组
	37	第四批	2021	南京市浦口区永宁街道大埝社区六组、七组
	38	第四批	2021	南京市溧水区晶桥镇水晶村水晶村、山下徐村
	39	第四批	2021	南京市高淳区阳江镇沧溪村谷家
	40	第五批	2021	南京市浦口区汤泉街道龙华社区二重倪组

续表

地区	序号	批次	时间	省级传统村落
江苏省南京市（62）	41	第五批	2021	南京市浦口区汤泉街道泉东村山头组
	42	第五批	2021	南京市浦口区汤泉街道新金社区赵湖组
	43	第五批	2021	南京市浦口区永宁街道西葛社区街西组
	44	第五批	2021	南京市浦口区永宁街道联合村宋湾组
	45	第五批	2021	南京市浦口区江浦街道华光社区响堂组
	46	第五批	2021	南京市浦口区星甸街道山西村山西刘
	47	第五批	2021	南京市浦口区星甸街道双山村双山组
	48	第五批	2021	南京市溧水区晶桥镇枫香岭村里佳山
	49	第五批	2021	南京市高淳区固城街道花山村何家
	50	第五批	2021	南京市高淳区东坝街道新中村汪家
	51	第五批	2021	南京市六合区冶山街道东王社区东王老街
	52	第五批	2021	南京市六合区横梁街道方山村双井黄组
	53	第五批	2021	南京市江宁区湖熟街道新农社区夏庄
	54	第五批	2021	南京市江宁区汤山街道孟墓社区郄坊
	55	第五批	2021	南京市江宁区江宁街道花塘村观东
	56	第六批	2022	南京市浦口区汤泉街道龙山社区孙垄子
	57	第六批	2022	南京市六合区横梁街道雨花石村陈堡桥
	58	第六批	2022	南京市六合区龙池街道头桥村头桥组
	59	第六批	2022	南京市溧水区晶桥镇郃村村上街、下街
	60	第六批	2022	南京市溧水区永阳街道秋湖村南庄头
	61	第六批	2022	南京市溧水区和凤镇骆山村骆山
	62	第六批	2022	南京市溧水区和凤镇孙家巷村杨家
江苏省镇江市（37）	1	第一批	2020	镇江市京口区姚桥镇华山村华山
	2	第一批	2020	镇江市京口区姚桥镇儒里村儒里
	3	第一批	2020	镇江市丹徒区辛丰镇黄墟村黄墟
	4	第一批	2020	镇江市丹徒区高桥镇高桥村吴家圩
	5	第一批	2020	镇江市丹阳市延陵镇九里村九里
	6	第一批	2020	镇江市丹阳市延陵镇柳茹村柳茹
	7	第一批	2020	镇江市丹阳市访仙镇萧家村萧家巷
	8	第一批	2020	镇江市丹阳市曲阿街道祈钦村夏墅
	9	第一批	2020	镇江市丹阳市丹北镇长春村陆家
	10	第二批	2020	镇江市丹阳市经济开发区荆林村三城巷

续表

地区	序号	批次	时间	省级传统村落
江苏省镇江市（37）	11	第二批	2020	镇江市丹阳市陵口镇留墅村留墅
	12	第二批	2020	镇江市句容市经济开发区石狮村石狮沟
	13	第二批	2020	镇江市句容市茅山管委会茅山村南镇街
	14	第二批	2020	镇江市句容市边城镇青山村青山
	15	第二批	2020	镇江市扬中市三茅街道友好村宽新圩
	16	第二批	2020	镇江市丹徒区宝堰镇南宫村丁角
	17	第二批	2020	镇江市丹徒区谷阳镇槐荫村张付
	18	第三批	2020	镇江市丹阳市经济开发区建山村黄连山
	19	第三批	2020	镇江市丹阳市经济开发区建山村陈山
	20	第三批	2020	镇江市丹阳市经济开发区建山村前刘家
	21	第三批	2020	镇江市句容市茅山镇丁庄村丁庄
	22	第三批	2020	镇江市句容市茅山风景区李塔村陈庄
	23	第三批	2020	镇江市句容市天王镇唐陵村东三棚
	24	第三批	2020	镇江市句容市后白镇西冯村西冯
	25	第三批	2020	镇江市句容市后白镇西城村后村
	26	第三批	2020	镇江市扬中市八桥镇利民村蒋家埭
	27	第三批	2020	镇江市丹徒区世业镇世业村还青洲
	28	第四批	2021	镇江市丹阳市经济开发区祈钦村六都村
	29	第四批	2021	镇江市丹阳市经济开发区张巷村张巷
	30	第四批	2021	镇江市丹阳市皇塘镇滕村村吕渎
	31	第四批	2021	镇江市句容市后白镇王庄村王庄
	32	第四批	2021	镇江市扬中市新坝镇立新村蒲草滧
	33	第四批	2021	镇江市丹徒区辛丰镇龙山村河达村
	34	第五批	2021	镇江市句容市下蜀镇空青村范巷
	35	第五批	2021	镇江市句容市华阳街道下甸村山芋地
	36	第六批	2022	镇江市镇江新区丁岗镇葛村村葛村
	37	第六批	2022	镇江市句容市后白镇芦江村芦江

获得中国历史文化名村、中国传统村落、省级传统村落等称号的江南水乡传统村落仅占少数，为了更有效地保护传统村落，各地也开展了市级传统村落的评选认定工作。苏州市 2012 年命名了首批苏州市历史文化名镇（村），共有 73 个古村入选。2021 年、2023 年又开展了苏州市传统村落和村镇传统建筑（组群）认定工作，共计 85 个苏州市传统村落入选。2022 年嘉兴市公布第一批

市级历史文化传统村落及重点村创建名录,64 个村列入市级历史文化传统村落名录,其中 14 个村列入重点村创建名录。

二、江南水乡传统村落的基本类型

目前对传统村落的分类没有统一的划分方式,主要是根据研究的需要,结合一定的分类方法,来划分传统村落类型。参考中国历史文化村镇分类方式和中国传统村落评选指标体系,结合江南水乡传统村落的实际情况,把江南水乡传统村落分为:传统建筑文化型、生态文化景观型、乡土民俗文化型、传统商贸文化型、历史名人文化型、革命历史文化型六种类型。[①]

(一)传统建筑文化型

传统建筑文化型传统村落中传统建筑、历史建筑等集中成片分布,建筑风格独特,建筑结构保存完整,价值重大,文保级别高。

杭州市桐庐县深澳村拥有规模较大的传统建筑群,有近 200 栋传统建筑,建筑面积约 35 000 平方米。深澳建筑群为省级文保单位,由明朝至民国时期建筑组成。村中现存建筑多为民居,还有申屠氏宗祠等礼制建筑等。

上海市闵行区革新村建筑遗存丰富,历史建筑达三十余处,比较著名的有梅园,梅园俗称“九十九间屋”,占地面积约三千平方米,是具有典型江南水乡建筑风貌的传统民居。奚氏宁俭堂、赵元昌商号宅院、礼耕堂等历史建筑保存较为完整,是具有代表性的江南传统民居。

(二)生态文化景观型

生态文化景观型传统村落自然环境优美,生态环境良好,拥有河流、山脉、森林、农田等自然景观,以及果园、茶园、植物园等生态景观。

杭州桐庐县富春江镇自然环境优美,富春江、新安江穿流而过,芦茨村、茆坪村、石舍村位于富春江畔。芦茨村江南龙门湾景区位于芦茨溪、大源溪交汇处,景色秀丽,峡谷、悬崖、瀑布浑然一体。茆坪村三面环山,白云源溪流穿村而过,村中古柏、古松、古樟等古树林立,形成了一个和谐的生态环境。石舍村四面环山,三面临水,村前有芦茨溪环村而过。

① 王浩.美丽乡村建设背景下苏南传统村落文化资源保护与开发研究[M].南京:河海大学出版社,2019.

（三）乡土民俗文化型

乡土民俗文化型传统村落一般具有鲜明的地域特色，拥有丰富的民俗文化资源，如传统曲艺、传统手工技艺、民间传说、民俗等。

新叶村位于杭州建德市大慈岩镇，拥有多项非物质文化遗产，涵盖了传统技艺、传统戏剧、民俗、民间传说等多个类别，具有鲜明的地域文化特色。新叶村拥有省级非遗项目新叶昆曲、新叶三月三等，还有十余项市县级非遗项目，2012年入选浙江省非物质文化遗产旅游景区（民俗文化旅游村）。

杨桥村位于常州市武进区前黄镇，民俗文化资源丰富，省级、市级、区级非遗项目十多项。杨桥庙会具有典型的江南传统文化特色，集合了集市贸易和乡土民俗为一体。杨桥村拥有调犟牛、杨桥捻纸、掮轮车、“红友酒”酿制技艺、杨桥头船制作技艺、杨桥面饺制作技艺等各级非遗项目。

（四）传统商贸文化型

传统商贸文化型村落一般位于古代商业水路交通要道上或者官道经过的地区，因其交通便利和地理位置特殊，逐渐形成了传统商贸重镇。江南水乡自古以来水上交通发达，有京杭大运河、太湖等河流湖泊，一些村落靠近河道，修建码头，从事商业贸易活动，形成了商业集镇。

东梓关村位于杭州市富阳区场口镇，水陆交通便利，自古以来是钱塘江水道的重要水上关隘，也是富春江南岸重要的商贸集散地，素有富春江“东流第一关”之称。东梓关村历史上曾是杭徽古道的重要水上关隘，是水上交通枢纽，街道店铺林立，至今留有官船埠、古驿道等商贸遗存。

漆桥村位于南京市高淳区漆桥镇，是“古宁国驿道”之一，也是连接苏南、皖南的交通要道，水陆交通发达，至今留有漆桥、石板街等古驿道遗存。旧时漆桥老街店铺林立，拥有豆腐坊、磨坊、铁匠铺等从事各种行当的店铺，充分体现漆桥的繁华景象。漆桥村是江南孔氏聚居地，村内留有孔氏宗祠。

（五）历史名人文化型

历史名人文化型传统村落一般是历史上某个方面有突出成就或有重要影响力的名人居住过的村落，这些村落留有名人故居、名人墓葬、名人塑像、名人碑刻等。

湖州市南浔区和孚镇荻港村名人辈出，历史上出过五十多名进士，两百多个太学生、贡生，近代在各个领域涌现出大批知名人士，如民族资本家章荣初，地质学家章鸿钊，历史学家、教育家章开沅等。

无锡市惠山区玉祁街道礼社村是新中国经济学泰斗孙冶方、薛暮桥的故乡，自古以来人才辈出，涌现出“一门四博士”“一村四院士”等一大批优秀人才。礼社村中留有众多名人故居，如孙冶方故居、薛暮桥故居、秦家大院、薛佛影旧居、薛葆煌旧居等，这些名人故居见证着名人的成长历程，承载着名人的精神内涵。

（六）革命历史文化型

革命历史文化型传统村落指的是在土地革命战争时期、抗日战争时期、解放战争时期发生过重大历史事件或著名战役，革命领导人曾经在此战斗过，留下了大量的革命旧址、革命领导人故居和战斗战役遗址等遗迹的村落。

湖州市长兴县仰峰村是新四军江南抗战根据地，是苏浙皖边区党政军的指挥中心和后方基地，粟裕、王必成等老一辈革命家在这里战斗过。村落保留着江南地区最完整、规模最大的一处抗战时期革命旧址群，如新四军苏浙军区旧址、苏浙军区司令部旧址等。

无锡市宜兴市太华镇胥锦村位于太华山区，抗战时期曾是苏浙皖边区的革命根据地和苏南抗日根据地党政军指挥中心。留有新四军一纵司令部旧址、三洲实业中学旧址等红色遗址，在此基础上建成了太华山新四军和苏南抗日根据地纪念馆。

三、江南水乡传统村落的基本特征

（一）依山傍水，风景如画

古人为了居住方便，村落选址往往会利用丰富的自然生态资源，江南水乡传统村落多以山脉河流为邻，背山面水，山水相依。

江南水乡自然条件优越，拥有丰富的自然资源和生态资源，河流山川分布其中。杭州淳安芹川村坐落于相对独立的山谷之中，周围有银峰山、狮山、象山等群山环绕，形成山水形胜之景，芹川溪从村中穿流而过，村中民居分布在小溪两旁。依托河流山川形成了众多知名景点，如银峰耸秀、芹涧澄清、象山吐翠、狮石停云等芹川八景。

苏州太湖自然环境优美、生态环境良好，西山岛拥有东村、衙甪里村、东蔡村、植里村、后埠村、堂里村、明月湾村等传统村落。西山岛屿众多，有西洞庭山、横山、阴山岛等。西山岛风景秀丽，自然景观有石公山、林屋洞、缥缈峰、古樟园等，人文景观有禹王庙、古罗汉寺、包山禅寺等。东山拥有陆巷村、翁巷村、杨湾村、三山村、双湾村等传统村落，自然景观有莫厘峰、雨花胜境等，人文景观有紫金庵、启园、东山雕花楼等。三山岛位于太湖之中，被称为太湖小蓬莱，岛内拥有一线天、板壁峰、薛家祠堂、吴妃祠、蓬莱亭等自然和人文景观。

（二）耕读传家，文化兴村

江南水乡地区向来崇文重教，出现很多科举世家，如苏州莫釐王氏家族、无锡礼社薛氏家族等。宗族与中国古代科举文化密不可分，江南水乡传统村落大多建有宗祠，如苏州太湖东山陆巷村的怀古堂，西山明月湾村的黄氏宗祠、秦家祠堂等。耕读传家作为传统村落宗族的家族传统，孕育着崇学重礼的良好风气。宗祠中的牌匾和楹联记录着读书世家的显赫功名，激励后辈刻苦读书。

莫釐王氏自宋代迁居太湖东山陆巷村，世代读书，以考取功名为目标。明代王鏊乡试第一得解元；第二年礼部会试，中头名会元；殿试时中探花及第，至今村中留有解元、会元、探花三牌坊。后代以其为榜样，考取功名者无数，其曾孙王禹声高中进士。至清代，王氏子孙功名为盛，涌现进士 7 名，举人 12 名，其中王鏊六世孙王世琛高中状元。

杭州建德市大慈岩镇新叶村自古以来崇文尚礼，出现众多读书世家，考取功名者无数。新叶村历史上曾经出现进士 1 名，举人 1 名，秀才和庠生 100 多名，近代以来更是涌现出众多优秀人才。①

叶氏族人崇尚读书，秉持耕读传家的理念，在村中开办书院、私塾，邀请大儒讲学，培养人才，至今村中留有抟云塔、文昌阁等教学用建筑。西山祠堂是叶氏总祠堂，也是玉华叶氏的祖庙，此外村中分布众多分祠，如雍睦堂、崇仁堂、崇智堂、荣寿堂等，这些祠堂都是叶氏族人修建用以供奉祖先的场所。叶氏宗谱制定族规和家训奖励读书世家，资助族人参加科举考试，考取功名者另有重奖。对于考取功名者，会在各个分支祠堂前设立抱鼓石、上下马石头，以表彰族人的登科荣耀。

（三）工商发祥，兴商建村

江南占据大运河、太湖水上交通优势，成为全国漕运中心和商品粮集散地。随着商业贸易的兴盛，江南水乡传统村落凭借着优越的交通地理位置，成为货物集散中心。江南水乡传统商贸文化型传统村落一般位于水陆交通便利的地区，以商业功能为主导，主要依附于码头、商道而存在。

运河传统村落的形成与大运河的开通密不可分，大运河集聚了众多运输货

---

① 叶志衡. 新叶古村落研究[M]. 杭州：浙江大学出版社，2016.

物的船只，为了方便船只停泊和装卸货物，会在运河岸边修筑码头。运河两岸居民为了获得运河码头带来的交通红利，会专门修筑通往运河的道路，久而久之就形成了兴旺繁盛的运河传统村落。

湖州荻港村是因运河而生的传统村落，京杭大运河穿村而过，村中现存有很多码头和石桥，民居沿着运河两侧分布，临水而居，河边商铺林立，岸边留有库房遗存，是古代运输货物的商品集散地。

严家桥村位于无锡市锡山区羊尖镇，村中水系发达，有永兴河、严羊河等河流，历史上严家桥村曾经是商贸集散中心，拥有米码头、布码头、医药码头等。民族工商业者唐氏家族在此兴办了大批产业，至今留有唐氏仓厅、春源布庄遗址等。

第二节　江南水乡传统村落礼制文化概述

江南水乡传统村落礼制文化源远流长，通过分析江南水乡传统村落礼制文化的发展历程，发掘江南水乡传统村落礼制文化的内涵，分析礼制文化在建筑中的转呈方式，探究江南水乡传统村落礼制文化的特征。

一、江南水乡传统村落礼制文化的发展历程

“礼”最早起源于祭祀活动，表示祭祀中的仪式和礼器。《礼记·曲礼》记载了“祷祠祭祀、供给鬼神，非礼不诚不庄”。礼在中华民族发展史上发挥着重要的作用，尚礼是中华民族的传统美德，至今仍然受到社会推崇。礼仪文化源远流长，中华民族在历史长河中形成了独具特色的礼仪文化，因此被誉为礼仪之邦。

泰伯奔吴的故事流传至今，泰伯来到江南，不仅带领百姓开发了吴地经济，还将周朝的礼仪文化传到江南。春秋时期，吴王寿梦之子季札三让王位，“弃其室而耕”于延陵。季札被称为延陵季子，季札因为“三让王位”“采诗观礼”的为礼之道受到世人称颂。季札的“仁、礼、信”成为丹阳九里村民间文化的核心，至今丹阳九里村留有季子庙、十字碑、季河桥等历史遗存，“季子挂剑”“季子三让王位”的高尚事迹流传至今。春秋时期吴王阖闾派伍子胥筑造吴国都城阖闾城，伍子胥在江南地区开凿河道，兴修水利，大力发展了江南地区经济，至今无锡市马山街道阖闾村与常州市雪堰镇城里村留有吴王阖闾城遗址。江南地区

在周朝礼乐制度影响下，江南水乡地域文化与礼乐文化融入共通，江南地区的经略者不断加强礼制文化的发展，江南水乡礼制文化开始萌芽。

秦汉时期，江南地区得到了进一步开发，经济得到了发展，逐渐形成了一些村落。江南水乡环境优美，自然风光秀丽，很多村落依山傍水，形成了与世隔绝的空间。一些文人为了躲避世事烦扰，纷纷来江南水乡隐居，如"商山四皓"等人。"商山四皓"曾辅佐过汉惠帝，品行高洁，饱读诗书。苏州西山东村因东园公隐居在此而命名，村中有东园公祠，题着"商山领袖"等匾额。角里村因角里先生周术隐居在此而命名，村里原有周家祠堂，供奉角里先生。西汉丞相平当因不满王莽专权，举家搬迁到南京漆桥村隐居。汉代儒家思想备受推崇，五礼制度被作为礼仪规范，《礼记》被奉为礼仪经典著作。这些隐士的到来，把儒家礼仪文化传到了江南地区，传授仁义礼智信等道德准则，影响着江南地区礼制文化的形成。

魏晋南北朝时期，北方中原地区人民南迁，不仅带来了中原地区先进的农作技术，还把中原地区的文化传到江南。常州万绥村因出了南朝齐、梁王朝共15位帝王被称为"齐梁故里"，镇江华山村还流传着南朝民歌《华山畿》，留有"神女冢"遗存。镇江萧家村留有南朝齐高帝萧道成、梁武帝萧衍后裔的宗祠——萧氏宗祠。

南朝时期，统治者承袭了汉制，尊崇儒家治国之道，重视加强礼制建设，以礼仪规范行为，颁布实施了礼仪制度。南朝时期出现了士人"崇礼"现象，士人以礼为尊，重视礼制，遵循礼制规范，这些都对江南水乡传统村落礼制文化的发展发挥着重要作用。

隋唐时期，随着科举制度的兴起，儒家礼教思想开始广泛传播。唐代编修了《贞观礼》《开元礼》等书籍，又对太庙、明堂、家庙等祭祀礼仪进行规范，形成了一系列礼仪制度。

唐代文人崇尚隐逸之风，很多文人墨客到环境优美的山水之间隐居，如唐朝诗人刘长卿、白居易、陆龟蒙、皮日休等曾经来到苏州西山明月湾村隐居，在此留下了大量的诗作。这些文人遍览儒家经典，精通儒家礼学思想，通过诗作也传播了礼学文化。

宋代将礼制文化推向新的高峰，宋代不仅出现了大批官修和私家礼制典籍著述，还涌现出众多理学大家，如朱熹、周敦颐等。朱熹所著《家礼》，对祠堂礼制进行了详尽阐述，独创通礼这一礼仪。周敦颐精通儒家礼学思想精髓，在此基础上有所突破，诠释了礼乐的哲学内涵，为儒学和礼学融合发展开辟了道路。他们的礼制思想对后世影响深远，他们的后人尊崇儒家礼制思想，以礼规范行为，以礼教育族人，使得礼制文化得以延续至今。

镇江市京口区姚桥镇儒里村是朱熹后裔居住地，由乾隆题字改名"儒里"，朱熹后人遵守朱子家训，涌现出大批忠孝闻名的人物。村中建有朱氏宗祠，供奉着朱氏先祖的牌位，现为省级文保单位。朱氏族人在重大节日会举行祭祀活动，通过祭祀活动来弘扬礼制文化。

杭州市桐庐县江南镇环溪村是宋代理学家周敦颐后裔祖居地，他们遵循“崇文尚志，读书明理”的周氏家训，传承先祖的高尚品格，名人贤士辈出。村中建有周氏宗祠，又称爱莲堂，现已成为宣传周氏家风家训的重要场所。

明清时期，由于礼制制度的改革，允许民间兴办祭祀场所，祠堂、家庙等礼制建筑大规模兴建，将礼制文化推向高潮，达到了繁荣昌盛。江南水乡传统村落位于太湖流域和长江流域，在水孕育下形成和发展，江南地区以农耕和渔猎生产、生活方式为主，稻作生产和渔业生产尤为发达，使得江南地区成为富庶之地，这为江南水乡传统村落礼制文化的传承和发展提供了经济支持。

江南水乡传统村落中一些宗族开始兴建祠堂和家庙，以供祭祀和议事。江南水乡传统村落中一般是单个姓氏兴建一个宗祠，苏州明月湾村有黄、邓、吴、秦四大家族，他们都是名门望族，为了祭祀先祖，他们分别在村中建造了黄氏祠堂、邓氏祠堂、吴氏祠堂、秦氏祠堂。一些村落势力和影响力较大的宗族建有多个祠堂，分为总祠和支祠。如建德新叶村叶氏宗祠，分为总祠西山祠堂和支祠崇仁堂等；桐庐县荻浦村、深澳村、徐畈村的申屠氏宗祠等。

明清时期，江南地区科举兴盛，考取功名者无数。为了表彰这些人优秀的德业和学行，地方会推举他们入祀乡贤祠，或者设立纪念性专祠，以供世人景仰，如珠山村洛村庙。同时，对于一些在本地任职而勤政爱民、造福一方、政绩突出的官员也会为他们设立名宦祠，如柳茹村王公祠。

二、江南水乡传统村落礼制文化的内涵

（一）耕读文化

耕读文化是中国传统村落文化的重要组成部分，江南水乡传统村落耕读文化具有鲜明的地域特色，耕读文化由宗族发挥重要作用，通过宗族来倡导读书，很多村落把耕读传家作为族规家训写进家谱，规定家族子弟必须恪守耕读传家的祖训，以考取功名作为族人的奋斗目标。有的宗族开办私塾，聘请饱学之士教授本族子弟知识。宗祠中的牌匾和楹联成为展示致仕族人光辉历程的窗口，以此激励族人苦读诗书，以考取功名光耀祖先为荣，这种耕读传家的思想成为江南水乡传统村落的家族传统。

苏州东山陆巷村王氏先祖为明代宰相王鏊，他连中解元、会元、探花，陆巷

村留有解元、会元、探花三元牌坊。王氏族人在此激励下，奋发读书，以考取功名为荣，后人考取功名有清朝康熙年间状元王世琛以及二十多名进士和举人。

有的村落会自行建造读书学习场所，甚至把宗祠改造为学堂。杭州新叶村崇尚读书，村中开办有书院、私塾、学堂，如玉华叶氏书院、西山祠堂私塾、道峰书院，梅月斋等，聘请名家大师前来讲学授课，培养了大批人才。新叶村很多道路中间由石板连接而成，这些石板都通向学堂，充分说明叶氏家族重视教育，为族人子弟提供读书便利。

杭州赤川口村余氏家族恪守耕读传家的祖训，族人以读书为荣，历史上出过一百多位考取功名之人。宗祠余氏家厅中的“进士”“祖孙进士”“四世柏台”匾额指的是进士余思宽和余四山，“兄弟登科”匾额指的是余乾元、余乾亨、余乾贞举人三兄弟，此外“科甲传芳”匾额指的是余氏族人考取功名后将千古流芳。

（二）宗族文化

宗族文化是延续村落持久不衰的保证，影响着村落的布局。江南水乡传统村落大多聚族而居，一般由一个始祖迁徙之后繁衍生息，宗族不断发展壮大，形成庞大的同姓村落。宗族在村落管理中发挥着重要作用，很多村落的宗族总结了很多族规祖训以告诫族人要遵规守纪。江南水乡传统村落宗祠家训族规多是以宣传伦理道德，规范族人行为，奖励博取功名等劝谕为主，不仅维系了家族和谐，还形成了家族内部的凝聚力和亲和力。耕读传家也是通过宗族来发挥引导作用，宗族重视文化教育，倡导礼制治家，有力推动了宗族的人才培养。

建德新叶村叶氏宗谱中有奖励读书求取功名、奖励妇人守节和惩治受助顶卖者的族规，以及勉族勤俭、勉族和气、勉族正大、勉族向上、勉族守法、勉族孝顺、勉族读书、勉儿曹等家训。[①]

同一姓氏聚族而居的宗族在古代社会成为社会管理力量，江南水乡传统村落都建造宗族宗祠作为维系宗族关系的标志，族人在繁衍后代之后形成了不同分支，他们又围绕总祠建造本房支祠，体现了强烈的宗族团结意识。这些村落宗族具有较高的管理权力，负责本族的各种事务，如祭祀、教化、教育、法治等。

桐庐荻浦村、深澳村、徐畈村均为申屠氏宗族聚居地，三个村都建有申屠氏宗祠，这些宗祠都制定族规十二则，要求族人严格遵守，通过一系列的家规族训来加强族人的道德教育，对于提高族人的道德素质和减少犯罪起到了积极作用。

① 叶志衡. 新叶古村落研究[M]. 杭州：浙江大学出版社，2016.

（三）孝义文化

江南水乡传统村落崇尚孝义为先，提倡孝敬父母，以孝为美，对孝义之人给予表彰，修建孝子祠堂，供世人祭祀，颂扬孝义事迹。

苏州恬庄村杨氏孝坊为纪念清代孝子杨岱而建，杨岱年少时父亲患病，为了照顾父亲他放弃科举，每日服侍喂药，研学医术，照料卧床父亲八年。后又出资为村民修建桥梁，赈济灾民，开办义学，倡导孝道。杨岱的孝义之举感动乡里，受到世人称道，因此建造杨氏孝坊以供祭拜。祠堂还留有皇帝御赐“乐善好施”匾额，门前牌坊上写着“天恩旌孝”四个字。

杭州临安清凉峰镇杨溪村孝子祠为纪念元末孝子陈斗龙而建，陈斗龙历时六年，奔赴千里之外寻找亲生母亲，为其养老送终。他的孝举受到皇帝表彰，赐封孝子牌匾。

苏州市吴中区金庭镇蒋东村后埠费孝子祠为纪念清代孝子费孝友而建，费孝友出身商人家庭，他的父亲常年外出经商，母亲得了白内障无法看清东西，费孝友听说可以通过舌舔治疗白内障，每天跪在母亲床前为母亲舔眼睛，照顾母亲日常起居。其后父亲生病，他也悉心照顾。他的孝举被上报到朝廷，皇帝御赐“笃行淳备”牌匾，敕令兴建孝子牌坊。

（四）信仰文化

信仰文化具有多样性和融合性特征，它表现为村民在重大节日期间在祠庙举行祭祀神灵、祈求平安等活动，通过祭拜活动来表达他们的情感，信仰成为他们的精神寄托。信仰文化也融入到村民的生活中，为他们情感宣泄找到出口，也成为村民联系的纽带。

信仰文化需要物质载体来承载，需要有场所来祭祀神灵，神祠自然应运而生，成为民间信仰文化空间。江南水乡有些传统村落中建有神祠，祭祀的对象是某些自然神灵或英雄人物，村民在重大节日聚集在此进行祭拜。神祠分布在村落的各个地方，可以满足村民祭拜活动的需求。

黄帝轩辕氏作为中华民族始祖，深受人民敬仰，一些村落建造轩辕黄帝庙来祭祀，苏州市吴中区东山镇杨湾村轩辕宫即是为祭拜黄帝轩辕氏而建。大禹治水的传说世代流传，为了纪念大禹的治水功绩，一些村落会建造大禹庙，苏州市吴中区金庭镇衙甪里村禹王庙供奉的是大禹。这些祠庙都成为村民举行祭拜仪式，祈求家人平安等的重要场所。

由于古代社会蝗灾危害农作物生长，人民深受其害但又无法消灭害虫，便把希望寄托在神灵身上，于是民间兴起祭祀和信仰驱蝗之神刘猛之风。苏州市吴江区平望镇溪港村溪港刘猛将军庙供奉的是驱蝗之神刘猛，民间还流行抬猛将的民俗文化，村民把猛将作为神灵去祭拜，祈求神灵保佑地方人民平安。

三、江南水乡传统村落礼制文化在礼制建筑中的转呈方式

礼制文化和礼制思想对于传统建筑影响深远，将等级和秩序理念融入到建筑中，造就了等级化和礼制化的传统建筑。江南水乡传统村落礼制建筑以“礼”为准则，在选址朝向、建筑形制、空间布局、装饰等方面受到礼制文化的约束，遵循着古代尊卑有序的营造理念。通过对礼制文化在礼制建筑中的转呈方式进行分析，可以深刻领悟到礼制建筑中蕴含的礼制思想。

祠堂作为规模最大、等级最高的建筑，江南水乡传统村落大多以祠堂作为中心布局，这反映了传统礼制对于村落空间格局的影响。宗祠作为族人祭祀祖先的场所，在族人心目中占据重要地位，宗祠选址会考虑到宗族血脉相连的因素，宗祠作为宗族权力的象征，一般位于村落的中心位置，占据着村落的最佳位置，村落民居建筑围着宗祠建造，体现着古代尊卑有序的礼制思想。

苏州太湖传统村落中的祠堂大多位于村落中心，成为村民祭祀祖先的重要场所，民居环绕祠堂而建，建造规格不超过祠堂。明月湾村的黄氏宗祠、邓氏宗祠、秦氏宗祠、吴氏宗祠都是围绕村落中心广场而建，陆巷村王家祠堂位于村落中心，四周是民居建筑。杭州市建德新叶村建有总祠和分祠，叶氏总祠有序堂位于村落中心位置，各分祠都是以总祠为中心，围绕总祠四周而建。

朝向是江南水乡传统村落礼制建筑建造时需要考虑的重要因素，朝向不同的礼制建筑代表不同的等级，一般南是最佳位置，坐北朝南的理念对礼制建筑的朝向有着深远的影响。江南水乡传统村落大多数礼制建筑在建造时遵循着坐北朝南的原则，体现着南面为尊的等级制度。如苏州市吴中区金庭镇东村徐家祠堂、镇江市京口区丁岗镇葛村解氏宗祠、杭州市桐庐县江南镇荻浦村申屠氏宗祠等。

江南水乡传统村落礼制建筑的礼制思想还体现在建筑的中轴线布局上，大多数祠堂采用的是中轴对称，门厅、享堂、寝堂位于中轴线，厢房及其他建筑位于两边。祠堂整体布局以门厅、享堂、寝堂依次为序，采取层高递增的手法。享堂作为举行祭祀活动的重要场所，在祠堂中居于中心位置，享堂规模和形制最大，可以容纳一定数量的族人，整体营造出庄严肃穆的氛围。寝堂位于享堂之后，寝堂规模小于享堂，但是由于寝堂是安放祖先牌位的重要场所，所以寝堂处于整个建筑最高位置，表达对先祖的尊重，充分体现古代尊卑有序的礼制思想。

江南水乡传统村落礼制建筑的院落布局体现着等级森严的礼制秩序，大多

采用二进、三进，间数以三间、五间为主，符合民间建筑的基本规制。如俞赵村俞氏宗祠为二进五间，茆坪胡氏祠堂为三进三间，环溪周氏宗祠、荻浦村申屠氏宗祠为三进五间。

江南水乡传统村落礼制建筑的屋顶形制也体现着礼制秩序，庑殿顶等级最高，为皇家建筑专用；歇山顶次之，多用于五品以上官员；悬山顶和硬山顶等级较低，常见于民间建筑。江南水乡传统村落大多数礼制建筑采用硬山顶，遵循着礼制等级秩序。少数礼制建筑因为等级较高，屋顶为歇山式，如苏州市吴中区东山镇杨湾村轩辕宫正殿、苏州市吴中区金庭镇衙角里村禹王庙等。

礼制建筑装饰的色彩也受到礼制的约束，黄色和红色为皇家专用颜色，禁止民间使用。江南水乡传统村落大多数祠堂以灰色、黑色和白色为主，墙体为白色，屋顶使用黑色或灰色的瓦。祠堂在雕刻上采用对称方式，中心位置选用独特的纹样，以此体现整个雕刻的主题。

第三章　江南水乡传统村落礼制建筑研究

第一节　江南水乡传统村落礼制建筑概况

一、江南水乡传统村落礼制建筑的类型

礼制建筑是中国古代社会在礼制观念下产生的一种建筑类型，其基本表现形式主要有坛、庙、宗祠；明堂；陵墓；朝堂；阙、华表、牌坊等。江南水乡传统村落礼制建筑主要以民间礼制建筑为主，如乡贤祠、名宦祠、先师庙、忠烈庙等，这些礼制建筑是在中国礼仪文化影响下形成的，融入了中国传统礼制观念，体现着尊卑等级的社会关系。

祠堂是礼制祭祀建筑，是礼制建筑重要表现形式。王鹤鸣、王澄根据祠堂的功能把祠堂分为宗祠、专祠、神祠等类别，并对不同类别祠堂进行了细分。[①] 尹文根据江南祠堂的种类，把江南祠堂分为纪念先贤的圣祠，维系血缘关系的氏族宗祠，膜拜行业鼻祖的神祠，孝子与烈女的祭祠等。[②]

本书根据江南水乡传统村落礼制建筑现状及特点，借鉴专家学者的分类方法，将江南水乡传统村落礼制建筑分为宗祠、乡贤祠、名宦祠、忠孝祠、节义祠、先师庙、忠烈庙等。（表 3-1）

表 3-1　江南水乡传统村落礼制建筑一览表(部分)

序号	礼制建筑名称	所在村落
1	轩辕宫正殿	苏州市吴中区东山镇杨湾村

① 王鹤鸣、王澄. 中国祠堂通论[M]. 上海：上海古籍出版社，2014.

② 尹文. 江南祠堂[M]. 上海：上海书店出版社，2004.

续表

序号	礼制建筑名称	所在村落
2	徐氏宗祠	苏州市吴中区金庭镇东村
3	王家祠堂	苏州市吴中区东山镇陆巷村
4	叶氏祠堂	
5	黄氏宗祠	苏州市吴中区金庭镇明月湾村
6	邓氏宗祠	
7	秦氏宗祠	
8	吴家祠堂	
9	费孝子祠	苏州市吴中区金庭镇蒋东村后埠
10	禹王庙	苏州市吴中区金庭镇衙甪里村
11	薛家祠堂	苏州市吴中区东山镇三山村
12	吴妃祠	
13	翁家祠堂	苏州市吴中区东山镇翁巷村
14	刘猛将军庙	苏州市吴江区平望镇溪港村
15	杨氏孝坊	苏州市张家港市凤凰镇恬庄村
16	邱氏宗祠	南京市溧水区洪蓝街道塘西村仓口
17	樊氏宗祠	
18	芮氏宗祠	
19	诸氏宗祠	南京市溧水区和凤镇张家村诸家
20	刘氏宗祠	南京市溧水区晶桥镇芮家村石山下
21	朱氏宗祠	南京市江宁区湖熟街道杨柳村
22	周氏宗祠	南京市高淳区砖墙镇三和村
23	芮氏宗祠	南京市高淳区桠溪镇跃进村西舍
24	严子陵先生祠	无锡市锡山区锡北镇寨门村
25	礼嘉王氏宗祠	常州市武进区礼嘉镇礼嘉村鱼池
26	陆氏宗祠	常州市武进区雪堰镇雅浦村
27	解氏宗祠	镇江市京口区丁岗镇葛村
28	敦睦堂	镇江市京口区姚桥镇兴隆村
29	朱氏宗祠	镇江市京口区姚桥镇儒里村
30	殷氏宗祠	镇江市丹徒区辛丰镇黄墟村
31	张家祠堂	镇江市句容市后白镇芦江村
32	王公祠	镇江市丹阳市延陵镇柳茹村
33	贡氏宗祠	
34	眭氏节孝坊	

续表

序号	礼制建筑名称	所在村落
35	王氏宗祠	杭州市淳安县浪川乡芹川村
36	九相公祠	杭州市淳安县中洲镇札溪村
37	江氏宗祠	杭州市淳安县枫树岭镇上江村
38	洪氏宗祠	杭州市淳安县左口乡龙源庄村
39	丰氏宗祠	杭州市淳安县枫树岭镇丰家源村
40	余氏家厅	杭州市淳安县汾口镇赤川口村
41	商氏宗祠	杭州市淳安县里商乡里商村
42	越石庙	杭州市富阳区场口镇东梓关村
43	龙一盛氏宗祠	杭州市富阳区龙门镇龙门村
44	孝子祠	杭州市临安区清凉峰镇杨溪村
45	郎氏宗祠	
46	何氏宗祠	杭州市临安区湍口镇童家村
47	陆氏宗祠	杭州市临安区湍口镇湍源村
48	玉山邵氏宗祠	杭州市临安区龙岗镇玉山村
49	龙山双溪社庙	杭州市临安区岛石镇呼日村
50	株川高家祠堂	
51	咸和堂	杭州市桐庐县江南镇荻浦村
52	申屠氏宗祠家正堂	
53	江家祠堂	
54	申屠氏宗祠攸叙堂	杭州市桐庐县江南镇深澳村
55	徐氏宗祠	杭州市桐庐县江南镇彰坞村
56	申屠氏宗祠庆锡堂	杭州市桐庐县江南镇徐畈村
57	徐氏宗祠	
58	朱氏宗祠	
59	周氏宗祠	杭州市桐庐县江南镇环溪村
60	洛村庙	杭州市桐庐县江南镇珠山村
61	柯氏宗祠	杭州市桐庐县桐君街道梅蓉村
62	龚氏宗祠	
63	郭侯王庙	
64	王氏宗祠	杭州市桐庐县城南街道岩桥村
65	乌城庙	
66	俞氏宗祠	杭州市桐庐县富春江镇俞赵村

续表

序号	礼制建筑名称	所在村落
67	胡氏宗祠	杭州市桐庐县富春江镇茆坪村
68	翁氏宗祠	杭州市建德市大同镇溪口村
69	杨氏宗祠	
70	青山祖庙	
71	湖塘雍睦堂	杭州市建德市大慈岩镇檀村
72	敬承堂	
73	雍睦堂	杭州市建德市大慈岩镇陈店村
74	西山祠堂	杭州市建德市大慈岩镇新叶村
75	有序堂	
76	崇仁堂	
77	庆锡堂	
78	崇智堂	
79	崇义堂	
80	旋庆堂	
81	一本堂	杭州市建德市大慈岩镇李村
82	崇本堂	
83	立本堂	
84	植本堂	
85	光裕堂	
86	永裕堂	
87	绳武堂	
88	叙伦堂	
89	世德堂	
90	方正堂	杭州市建德市大慈岩镇上吴方村
91	衍庆堂	
92	三乐堂	
93	尚志堂	
94	世美堂	
95	许德堂	
96	禄臻堂	杭州市建德市更楼街道邓家村
97	石岭叶氏宗祠	杭州市建德市更楼街道石岭村

续表

序号	礼制建筑名称	所在村落
98	方伯第	杭州市建德市寿昌镇乌石村
99	紫薇第	
100	毛氏宗祠	杭州市建德市大同镇富塘村
101	大钱节孝坊	湖州市吴兴区高新区大钱村
102	上堡牌坊	湖州市南浔区和孚镇新荻村

（一）宗祠

宗祠是同一血缘宗族祭祀祖宗的场所，也叫祖祠、家庙等，这种建筑类型往往称为某氏宗祠或某氏祠堂，如苏州市吴中区东山镇陆巷村的叶氏宗祠、金庭镇明月湾村的黄氏祠堂、金庭镇东村的徐氏宗祠，常州市武进区礼嘉镇鱼池王氏宗祠，南京市高淳区砖墙镇三和村周氏宗祠，镇江京口区姚桥镇儒里村朱氏宗祠，淳安县浪川乡芹川村王氏宗祠、桐庐县江南镇荻浦村申屠氏宗祠等。

徐氏宗祠位于苏州市吴中区金庭镇东村，祠堂坐北朝南，占地约一千平方米，始建于清朝乾隆年间，现为江苏省文保单位。祠堂原有门厅、前厅、大厅、后楼四进，前厅保存有精美的砖雕、木雕、石雕等。祠堂整体建筑精致，雕刻手法独特，木构件雕刻内容丰富多样，运用了独有的苏式彩绘，色彩鲜明，图案简洁明了，在江南传统村落中具有鲜明的地域特征。

礼嘉王氏宗祠位于武进区礼嘉镇鱼池村，被誉为常州"东南第一祠"，始建于明朝崇祯年间，清朝嘉庆年间改建，现为江苏省文保单位。王氏宗祠坐北朝南，主体建筑分为四进，为门厅、三槐堂、槐荫堂、槐恩堂，占地面积约为一千五百平方米。祠堂每进东西墙为马头墙，每进房屋高低错落有致，每进之间以廊棚连接，三进和四进之间为天井。祠堂雕刻精致巧妙，以木雕和砖雕为主，雕刻手法细腻，构图极为巧妙，以人物、山水、花鸟为雕刻内容。

儒里朱氏宗祠位于镇江京口区姚桥镇儒里村，坐东朝西，三进院落，分为门厅、祭堂、享堂。祠堂门前为广场，对面为照壁，照壁中央为花岗石浮雕《儒里春秋图》，宗祠门南侧立有"江南第一古祠"石碑。第一进门厅上方有"朱氏宗祠"匾额，二进门门楼砖雕精致，上面刻有形态各异的"寿"字，门楼上有两块匾额"紫阳世泽"、"虹井流芳"。祠堂第二厅为祭堂，有朱熹汉白玉立像，正中立有"学达性天"匾额。后厅为享堂，供奉着木制祖宗灵龛，镂空雕刻花窗。2011 年被列为江苏省文物保护单位。

解氏宗祠位于镇江市京口区丁岗镇葛村，始建于明代中期，坐北朝南，前后共四进，占地面积约二千三百平方米，现为江苏省级文保单位。祠堂大门有大院，东西为院墙，设有圈门，南面有八字形影壁，刻有“鸿禧”两字。祠堂大门上方有“榜眼及第”匾额，大门两侧有“榜眼、举人、肃静、回避”八面执事牌。三进为祠堂正厅，楠木结构，木雕雕刻精致，正厅中心悬吊着“圣旨亭”，四周上方悬挂有“彝伦攸叙”“文魁”“会元”“南畿保障”等匾额。两边横梁挂有六盏大宫灯，前轩廊上挂有八盏小宫灯。四进为祖堂，大门正中挂有“乐善好施”匾额，堂内供奉着祖宗牌位。

申屠氏宗祠位于杭州市桐庐县江南镇荻浦村，始建于清朝，坐北朝南，五间三进，占地面积约八百平方米，平面呈矩形，现为省级文保单位。祠堂三面高墙，门口有旗杆和石鼓，大门上方悬挂“申屠氏宗祠”匾额。祠堂共三进，一进通面五间，木石混合梁柱。二进为拜殿，为举行祭祀仪式的场所，正中为祖先画像，悬“家正堂”之匾。祠堂三进为寝堂，供奉历代申屠氏先人牌位，正中间摆放申屠氏始祖理公牌位。

芹川王氏宗祠位于杭州市淳安县浪川乡芹川村，始建于明朝，坐东朝西，砖木结构，占地面积约六百平方米，共有三进，由前堂、正堂和后堂三部分组成，现为浙江省文保单位。祠堂第三进朝堂为二层，木构件雕刻为镂空，雕刻精美，内容以动植物为主。

（二）乡贤祠

乡贤祠所祀人物“生于此地而有德业、学行博于世者”。[①] 乡贤祠一般都是祭祀德行优良、学识渊博的本地著名人物。明清时期，江南地区科举兴盛，考取功名者无数。为了表彰这些人优秀的德业和学行，地方会推举他们入祀乡贤祠，或者设立纪念性专祠，以供世人景仰。

桐庐江南镇珠山村洛村庙原名天曹府君庙，也叫陈侯公庙，始建于南朝，祀东汉征虏大将军陈恽。陈恽，桐庐人，在担任余杭县令时，治理苕溪水患，修路架桥，迁县城至溪北，高筑城墙，深挖城河，提高了县治安全。余杭百姓为感谢陈恽恩德，在南湖塘建祠祭祀。

（三）名宦祠

名宦祠所祀人物“仕于此地而有政绩，惠泽于民者”。[②] 这些名宦祠一般都

① 赵克生．明代地方庙学中的乡贤祠与名宦祠[J]．中国社会科学院研究生院学报，2005(1)：118-123+144.

② 赵克生．明代地方庙学中的乡贤祠与名宦祠[J]．中国社会科学院研究生院学报，2005(1)：118-123+144.

是供奉本地任职而勤政爱民、造福一方、政绩突出的官员。

镇江市丹阳市延陵镇柳茹村王公祠是纪念明朝官员王志道兴建的祠堂，王志道担任丹阳知县时关心百姓疾苦，亲率百姓灭掉蝗灾，当地百姓为了颂扬他的功绩，集资为他建造了生祠。祠堂大门上方悬挂“里社干城”匾额，两边楹联为“赫赫明明地，堂堂正正门”。现存两进房屋，三开间，砖木结构，对于研究明代祠堂建筑具有重要价值。

无锡惠山区玉祁街道芙蓉村周忱祠是纪念明朝治水功臣周忱而修的祠堂，周忱在江南为官期间，主持整治芙蓉湖，筑堤开河，围圩成田，彻底根绝芙蓉湖水患。周忱在江南主政期间，为江南人民做了很多好事，当地百姓为了纪念他，就修建了周忱祠。

（四）忠孝祠

忠孝祠一般供奉的是当地忠君爱国、孝行卓著，对国家或地方作出重大贡献的人。

苏州市张家港市凤凰镇恬庄村杨孝子祠，又名杨氏孝坊，建于清朝嘉庆年间，是用来祭祀杨氏孝子杨岱。祠堂坐西朝东，硬山式砖木结构，占地面积约九百平方米，属于典型的清代官式建筑。祠堂共有四进，分为门厅、仪门、大厅和后厅。

杭州市临安区清凉峰镇杨溪村孝子祠，是为了表彰孝子陈斗龙而建，始建于明朝，重建于清康熙年间，坐北朝南，属于典型的廊院式徽派建筑，祠堂共三进，分为门楼、中堂、寝堂，占地面积约为七百平方米，现为浙江省文保单位。祠堂大门上方悬挂“孝子”匾额，中堂为祭祀场所，木构件雕刻精美绝伦，有各式纹路，中堂正上方悬挂“永锡堂”匾额，下方为孔子画像，寝堂供奉着孝子陈斗龙塑像，两边对联为“汉室名儒第，元朝孝子家”。

（五）先师庙

先师庙一般指的是孔子庙，也叫文庙，是用来祭祀孔子的场所。文庙作为儒家文化的重要载体，它是儒家思想传承的重要标志，以其独特的精神内涵影响着中国传统文化的进程。

江南地区自古以来重视教育，科举兴盛，涌现了一大批读书致仕的人才。江南兴建了一批先师庙，这些庙宇既是祭拜孔子的场所，又是培养科举人才的学堂。

（六）忠烈庙

忠烈庙是纪念为国家做出重要功绩的著名人物的场所，如杭州岳王庙、苏州范文正公忠烈庙等。为了表彰历史人物的出色功绩，很多地方兴建了忠烈庙，作为举行祭祀活动的场所，体现着礼制文化的重要内涵。

苏州市吴江区平望镇溪港村的刘猛将军庙是纪念元朝将军刘承忠而兴建的，现存建筑为清朝同治年间所建。刘承忠作为元朝江淮指挥使，带领百姓扑灭了江淮地区的蝗虫，在元朝灭亡后投河自尽。后人为了纪念他的功绩，尊称他“刘猛将军”，兴建刘猛将军庙以供祭祀。

（七）神祠

神祠，是指以某个自然现象或某个神仙形象为祭祀对象的祠庙，它们是古人举行某种祭祀活动的重要场所，所祭祀的对象是某些自然神灵或神灵人物。神祠大体分为两类，一类是自然神祠庙，一类是神灵人物包括氏族首领逐渐成为后世之人崇拜、敬奉的偶像而建立的祠庙。[①]

江南水乡传统村落中的神祠大多以神灵人物祠庙为主，如轩辕宫、禹王庙等。轩辕宫正殿位于苏州市吴中区东山镇杨湾村，供奉轩辕黄帝，现为全国重点文保单位，始建于元朝，坐东朝西，单檐歇山式，正殿面宽三间，进深九檩，具有典型的江南木构建筑特征。

禹王庙位于苏州市吴中区金庭镇衙甪里村，供奉大禹，占地面积为五十多亩，内有禹王殿、财神殿、天妃宫等建筑，禹王殿为单檐歇山式屋顶，砖木结构，殿内供奉禹王神像。

（八）牌坊

牌坊是封建社会为表彰功勋、科第、德政以及忠孝节义所立的建筑物，按照建筑材料可以分为石制、木制、砖制等，按照建筑功能分为节孝坊、功德坊、宗族坊、陵墓坊等。

眭氏节孝坊位于镇江市丹阳市延陵镇柳茹村，为镇江地区保存较为完整的贞节牌坊，建于清乾隆九年，是为了表彰贡荫三妻眭氏，故而称之为眭氏节孝坊。节孝坊为3门式，坊柱门呈品字形，坊柱间青石雕刻各种花纹图案。

杭州桐庐县荻浦村孝子牌坊是为了表彰孝子申屠开基而建，构件为青石打制，三门四柱五楼，顶部高悬“圣旨”“荣恩”，正中间有“孝子”石匾，第二层梁上刻有“祥符甘露”四个大字，牌坊石柱南北立面，刻有颂孝楹联四对。

---

① 王鹤鸣、王澄.中国祠堂通论[M].上海：上海古籍出版社，2014.

二、江南水乡传统村落礼制建筑的价值

（一）历史价值

江南水乡传统村落礼制建筑反映的是一定历史时期村落的发展过程，见证着村落的历史变迁和礼制文化发展历史，蕴含着丰富的历史信息。有的礼制建筑建造年代久远，经历了不同朝代，在历史的发展长河中形成了独有的建筑文化。苏州杨湾村轩辕宫正殿始建于元朝末年，明清时期进行了修缮，历经多个朝代，具有不同历史时期建筑历史特征，对于研究苏州地区传统木构建筑发展历史以及香山帮流派发展史具有重要的作用。

一些村落的孔庙是供奉儒家至圣孔子的祭祀场所，在建筑形制上体现着儒家思想，影响着中国封建社会科举发展历程，见证了儒家文化的发展历史，反映着当地对于儒家文化的重视程度，体现着历朝历代尊孔崇儒的历史演变过程，对于研究儒家文化具有重要的历史价值。

（二）文化价值

礼制建筑作为一种传统祭祀建筑，与中国传统礼制文化密切相关，体现着中国传统礼制文化的思想，蕴含着丰富的礼制文化内涵。宗祠作为典型的礼制建筑，记录着当地宗族文化，在祭祀祖先和维护封建伦理道德等方面发挥着重要作用。宗祠建筑、宗庙制度、宗法制度共同构成了宗祠文化，体现着中国传统文化的“仁义礼智信”的价值理念，对于传承中华优秀传统文化具有重要的文化价值。

宗祠中的谱牒和碑刻，记录着宗族发展历史和文化习俗，反映着地域文化的多样性特点。宗祠的木雕、砖雕和石雕上多以吉祥图案为主，象征着中国传统文化的福寿禄，传递着吉祥之意，表达着人们追求幸福安康的生活的愿景，这些吉祥图案蕴含着丰富的文化内涵，对于研究中国民俗文化具有重要的价值。

（三）艺术价值

江南水乡传统村落礼制建筑体现的是中国传统建筑营造技艺，这些礼制建筑的形态特征、空间布局和装饰风格都充满着艺术美感，体现着中国传统建筑营造技艺的深邃的营造智慧和高超的艺术表现力。

一些礼制建筑在雕刻方面展现了雕刻艺术之美，在色彩、雕刻、门楣等方面以中和为准则，集中体现着建筑美学，充分显示了匠师独特的雕刻技艺。三和

村周氏宗祠享堂拥有南京保存较好的木雕，充分展现了江南地区精湛的雕刻技艺。梁枋和木格门窗使用了浮雕手法，雕刻精美的图案。杭州一些传统村落礼制建筑如荻浦村申屠氏宗祠、深澳村申屠氏宗祠等建筑之上的木雕艺术充分体现了东阳木雕技艺，很多宗祠的梁枋、斗栱、雀替、牛腿等位置使用了木雕。雕刻手法有浮雕、圆雕、镂雕等，整体雕刻线条流畅，图案生动，立体感强，以花卉、人物、瑞兽、吉祥等图案为主。

东村徐氏宗祠雕刻艺术精美，以木雕和彩绘为主，在前厅顶部装饰着不同的图案，雕刻艺术巧妙，在轩梁上绘了苏式彩画，使用了平雕、透雕等多种手法，彩画色彩艳丽，是江南地区彩绘保存较多的祠堂建筑。

（四）教育价值

江南水乡传统村落礼制建筑蕴含着丰富的礼制文化，具有较高的教育价值。祠堂和文庙等礼制建筑利用村规民约、家风家训、道德理念等来教化村民，实现礼制建筑的教育功能。利用这些礼制建筑作为中国传统礼制文化的教育场所，可以领悟到中国传统礼制文化的博大精深。

祠堂作为祭祀的重要场所，在举行大型祭祀活动时，由族长主持仪式并宣讲族规、家法等，告诫族人要遵守法纪，时刻以先贤圣人为楷模，奋发读书，以博取功名为目的，光耀门庭。

文庙作为传播儒家文化的重要教育基地，在文庙中开设国学学堂，不仅让青少年通过参拜孔子塑像体会到儒家文化的博大精深，还让青少年学习《三字经》《千字文》等知识，同时讲授祭祀和礼制文化，在文庙举行各种礼制仪式，提升青少年道德修养，丰富青少年传统文化知识。

（五）生态价值

江南水乡传统村落礼制建筑在选址布局上与自然环境完美融合，形成独特的审美意境，体现人与自然和谐共生的生态理念。祠堂建筑在设计上采用对称布局，中轴居正，整体建筑构思巧妙，合理布局，富有丰富的层次感，形成一种独特的协调美，体现了中国古代“天人合一”的思想。

江南水乡传统村落礼制建筑在建造手段和建筑材料上体现了生态思想，木结构梁架整体采用榫卯结构，具有极强的抗震性。材料一般就地取材，选用当地的木材和石料等，运用材料独有的质感构造出朴素美。

苏州衙角里村禹王庙位于太湖之滨，三面临湖，利用独特自然环境建造了禹王殿、天妃宫、财神殿等建筑，这些建筑沿着太湖分布，将山水一色景观展现得淋漓尽致，体现了人与自然的和谐统一。

（六）旅游价值

江南水乡传统村落礼制建筑蕴含着丰富的地域文化，承载着地方文化和人文历史等多方面信息，不仅可以作为祭祀场所供人参拜，还可以作为旅游景点供人参观。开发礼制建筑的旅游价值，将其蕴含的礼制文化进行大力宣传，形成良好的文化氛围。

祠堂文化是中国传统文化重要组成部分，充分利用祠堂的旅游价值，可以带动当地村落经济发展。一些传统村落将祠堂文化与旅游活动有机结合，采用多种旅游资源开发模式，精心设计祠堂文化旅游产品。西山石刻碑刻文化展示馆位于苏州东村徐氏宗祠内，馆内陈列120方拓片，向公众展示了林屋山摩崖石刻、石公山摩崖石刻等石刻艺术，让人们了解到西山发展历史和文化脉络，在领略到精美绝伦的石刻艺术的同时感受到地域文化的独特魅力。

三、江南水乡传统村落礼制建筑的功能

（一）祭祀功能

祭祀是礼制建筑的主要功能，在重大节日到来时，村民聚集在礼制建筑内进行祭祀先祖先贤，寄托个人情感，怀念先人。江南水乡传统村落礼制建筑以祠堂、文庙等为主，这些礼制建筑经常用来举办形式多样的祠祭活动。

镇江葛村解氏宗祠每年在冬至时举办大规模祭祀祖先活动，众多族人齐聚一堂，共同参拜祖先，增强族人认祖归宗的意识。祭祀仪式庄严隆重，专门有执事负责维持秩序，祠堂正厅地面铺上红地毯，大厅摆放长条桌子，上面放置猪、羊、水果、点心等供品。祭祀仪式由司仪主持，开祭时锣鼓奏乐，鸣放礼炮。伴随着司仪的宣唱，族人分批按辈分向先祖行礼参拜，每次三叩首。族中长者作为主祭宣读祭文。通过祭祀活动，不仅缅怀了先祖，还加强了宗族间的归属感。

（二）兴学功能

礼制建筑在古代具有兴学功能，在中国古代教育中发挥着重要的作用。中国古代教育体系中以官学和私学为主，礼制建筑在举办祭祀仪式的同时，还面向社会提供教育服务。

由于受到耕读传家思想的影响，有的宗族为了培养出光宗耀祖的本族人才，扩大家族声望，会利用宗祠开办私塾，聘请饱读诗书之人担任教师，教族中

子弟读书。

文庙与学校教育密不可分，它是官办教育的重要场所。文庙不仅作为供奉孔子的场所，还作为开办教育的学校。文庙一般由官府举办教育，选拔优秀人才加以教导，学习内容以四书五经为主。通过儒家经典著作，对读书人进行文化和道德教育，宣传封建礼制思想，传播儒家思想和伦理道德。文庙在封建时代发挥了重要作用，使得儒家思想深入民心，也为封建社会培养出大批科举人才。

（三）教化功能

江南水乡传统村落礼制建筑具有教化功能，祠堂作为祭祀的场所，在祭祀祖先的同时，族中长者会向族人宣读家规族训，告诫族中人士遵规守纪，时刻牢记族规家训，以先贤为榜样，严格律己。祠堂通过制定一系列的家规族训来加强族人的道德教育，对于提高族人的道德素质和减少犯罪起到了积极作用。

江南水乡传统村落宗祠家训族规多是以宣传伦理道德，规范族人行为，奖励博取功名等劝谕为主，不仅维系了家族和谐，还形成了家族内部的凝聚力和亲和力。

家谱是规范族人的行为准则的重要资料，一些传统村落宗祠会将家规族训记录在家谱之中，如新叶村叶氏宗谱中有奖励读书求取功名族规、奖励妇人守节和惩治受助顶卖者的族规，以及勉族勤俭、勉族和气、勉族正大、勉族向上、勉族守法、勉族孝顺、勉族读书、勉儿曹等家训。

（四）法治功能

礼制建筑还具有法治功能，祠堂是宣传家规族训的场所，也是执行家法的公堂。一旦家族内部出现族内纷争的事件时，族中长者就会召集族人在祠堂集合，族长会依据族规秉公办事、公正裁决，调解族人之间矛盾，维系家族成员之间的关系。

如果族人做出违反族规的事情，祠堂会成为审判的场所，族长在祠堂对违反族规的族人进行处罚，根据所犯罪责在祠堂中处以杖责、苦役等。对于严重作奸犯科、违反国法的族人，族长会先处以罚跪、鞭挞等刑罚，将其逐出祠堂，除去族籍，然后送至官府法办。

祠堂在审判违反族规的族人时，全体族人都要参加，达到了以儆效尤的效果。因此祠堂在惩恶扬善、维护法治方面起到了积极作用，对违反族规的行为进行惩处，不仅维护了家族声誉，还有力促进了社会和谐。

第二节　礼制建筑与江南水乡传统村落类型的关系

江南水乡水系发达，分布着众多江河湖泊，从地理学地形地貌的角度进行分类，将江南水乡传统村落空间形态分为三大地域类型：河浜型、湖荡型、沿江型。①

不同类型传统村落的礼制建筑形成和发展各不相同，具有各自的地域特征，根据河浜型、湖荡型、沿江型传统村落的特点，分析礼制建筑与传统村落之间的关系，探讨礼制建筑蕴含的礼制思想，挖掘礼制建筑的价值内涵。

一、河浜型传统村落与礼制建筑的关系

河浜型传统村落一般指的是沿运河的传统村落，这些村落分布在河道岸边，交通发达，商贸兴盛，是水陆商品集散地。这些村落中名门望族较多，这些宗族在村落建有自己的宗祠，这些宗祠多是沿着河分布，与民居、河埠错落有致，形成传统村落独具地域文化特色的乡土建筑群。

湖州荻港村是典型的运河村落，村落传统民居沿着河道分布，不同宗族建有自己的宗祠，这些宗祠多是靠近河边，与桥紧密结合在一起。以吴氏宗祠为例，港西是宗祠，港东是堂屋，舍西桥是连接港西吴家宗祠与港东民居的桥梁，形成了宗祠、桥、民居的空间形态。此外荻港村还有朱氏、章氏、杨氏、钱氏、史氏等宗祠，这些宗祠多是沿着河边建造，位于村落南部。这些宗祠是荻港村各个宗族祭祀祖先的重要场所，在促进家族内部之间联系和族人沟通交流方面起到了一定作用。

二、湖荡型传统村落与礼制建筑的关系

湖荡型传统村落有的沿着湖岸线而建，依靠湖湾形成带状村落形态；有的坐落在山坞，形成块状村落形态；还有的沿着山体、湖面来布局，形成环状村落形态。

苏州太湖西山和东山传统村落则属于湖荡型传统村落，这些村落在选址上

① 陆佳薇.江南水乡水网地形与村落空间形态的关联研究[D].合肥工业大学，2020.

充分利用太湖和山体，依托山坞和湖湾来规划村落布局，与自然环境融为一体。这些村落中的祠堂大多位于村落中心，成为村民祭祀祖先的重要场所，村民围绕祠堂建造民居，形成集中的院落群。

苏州明月湾村中心位置为村前广场，黄氏宗祠、邓氏宗祠、秦氏宗祠都是围绕村前广场而建，分布在其周围。陆巷村是以紫石街为村中心，一些祠堂则是沿着街道建造，如怀古堂。西山衙角里村的禹王庙三面临湖，依托太湖形成禹王殿、古码头等建筑，充分与湖光山色融为一体，展现了独特的艺术美。

三、沿江型传统村落与礼制建筑的关系

沿江型传统村落一般是沿着江边呈带状分布，民居建筑呈点状或者团状分布在江水两侧，根据江水的流向形成不同类型的聚落。浙江境内有富春江、新安江、钱塘江等，沿着江岸分布着众多传统村落，这些村落利用山、江自然资源，形成不同风格的乡村景观。

富春江贯穿浙江桐庐、富阳的多个乡镇，沿岸分布着众多传统村落，如桐庐县富春江镇石舍村、茆坪村、芦茨村、俞赵村，富阳区场口镇东梓关村等。有的村落分布在富春江沿岸较高地势的平原，村落民居建筑以带状分布为主，不同民居间隔较近，相对比较集中。有的村落分布在富春江沿岸的滨江地带，这些村落的民居建筑多是沿着江堤分布，形成块状形态。

这些村落的祠堂建筑一般会位于村入口处，地方比较宽敞，方便村民祭拜祖先。富春江镇茆坪村三面环山，村落呈南北走向，溪水穿村而过，村中古柏、古松、古樟等古树林立。胡氏宗祠位于茆坪村村口，背山面水，南侧是一条通向芦茨溪的古道。宗祠坐东朝西，为三间三进四合式厅堂建筑，总面积约一千八百平方米，具有典型的徽派建筑风格。

第三节　江南水乡传统村落礼制建筑保护现状

一、江南水乡传统村落礼制建筑保护现状

江南水乡传统村落礼制建筑保护涉及国家和地方层面的文物保护方面的法律法规，国家专门制定出台了一系列的法律法规，如《中华人民共和国文物保

护法》《中华人民共和国文物保护法实施条例》《历史文化名城名镇名村保护条例》等。

在国家层面法律法规的指导下，各地根据实际情况，积极制定相关地方性法规规章。省级层面上，江苏省 2001 年制定出台了《江苏省历史文化名城名镇保护条例》，加强对历史文化名城、名镇和历史文化保护区的保护。2003 年制定出台的《江苏省文物保护条例》，对不可移动文物、地下文物、馆藏文物和民间收藏文物制定了专门保护措施，并对如何进行文物利用进行规定。2017 年 9 月，江苏省政府以政府令形式印发《江苏省传统村落保护办法》。其中提出要整体保护相对集中的传统建筑和建筑组群，对传统建筑进行分类保护。

江苏省住房和城乡建设厅于 2020、2022 年公布了两批江苏省传统建筑组群目录，其中涉及江南水乡传统村落礼制建筑的有 10 处，分别是南京市杨柳村朱氏宗祠传统建筑组群、南京市漆桥村迎六公祠传统建筑组群、苏州市凤凰镇恬庄北街北首杨孝子祠传统建筑组群、苏州市东村徐氏祠堂传统建筑组群、苏州市明月湾村黄氏宗祠传统建筑组群、苏州市明月湾村邓氏宗祠传统建筑组群、苏州市三山村桥头薛家祠堂传统建筑组群、镇江市柳茹村贡氏祠堂传统建筑组群、镇江市黄墟村殷氏宗祠传统建筑组群、镇江市儒里村朱氏宗祠传统建筑组群。

苏州市在传统村落和文化遗产保护方面做了大量的工作，2002 年制定出台《苏州古建筑保护条例》，2003 年制定出台《苏州市历史文化名城名镇保护办法》，2013 年制定出台《苏州市古村落保护条例》，2017 年制定出台《苏州国家历史文化名城保护条例》，2021 年制定出台《苏州市历史建筑保护利用管理办法》。《苏州市古村落保护条例》提出要保护古村落文物和古建筑，并提出要把符合条件的村落认定为苏州市古村落加以保护。2022 年苏州市公布了 73 个村为首批苏州市古村，2023 年公布了 47 个苏州市传统村落和 169 个(组)村镇传统建筑(组群)名录，其中张家港凤凰镇恬庄村恬庄北街北首杨孝子祠北侧、吴中区东山镇三山村桥头薛家祠堂、吴中区金庭镇明月湾村黄氏宗祠、吴中区金庭镇明月湾村邓氏宗祠位列其中。

南京市 1989 年制定出台了《南京市文物保护条例》，2010 年制定出台了《南京市历史文化名城保护条例》，提出要整体保护历史文化名村，保持其历史风貌。无锡市 2006 年制定出台了《无锡市历史文化名城保护办法》，提出保护传统村落以及传承非物质文化遗产。2009 年制定出台《无锡市历史文化遗产保护条例》，提出保护历史文化镇村、历史建筑等。2023 年研究制定《无锡市历史建筑保护管理办法》。常州市 2009 年制定出台《常州市市区历史文化名城名镇名村保护实施办法》,2013年制定出台《常州市文物保护办法》,2017年制定出台的《常州市历史文化名城保护条例》中把焦溪等历史文化名村、杨桥等中国传统村落列入保护对象。镇江市2013年制定出台《镇江市文化遗产保护管理办法》,2019年制定出台《镇江市历史文化名城保护条例》,提出把历史文化名村、传统村落、历史建筑、传统风貌建筑作为保护对象,还提出要把具有一定建成史,对历史地段整体风貌特征形成具有价值和意义的传统风貌建筑列入保护名录。

2005年,浙江省制定出台了《浙江省文物保护管理条例》,2012年制定出台《浙江省历史文化名城名镇名村保护条例》。杭州市2013年制定出台《杭州市历史文化街区和历史建筑保护条例》,对历史建筑的保护要求进行了规定,同时提出在符合保护要求的前提下,可以对历史建筑进行合理利用。2023年制定出台《杭州市历史文化名城保护条例》,提出确定历史建筑保护类别和相应的保护要求,实行分类保护,还提出多种方式对历史建筑、传统风貌建筑进行盘活利用。湖州市2013年制定出台《湖州市历史文化名城保护办法》、《湖州市市区历史文化街区与历史建筑保护管理办法》,提出历史建筑保护的具体操作办法,并开展了历史建筑的认定工作,加强历史建筑的保护管理。嘉兴2009年制定出台《嘉兴市文化遗产保护办法》,提出要保护历史文化名村。2022年专门印发《嘉兴市加强历史建筑保护工作意见的通知》,把尚未被公布为文物保护单位或文物保护点的建筑物列入历史建筑范畴。(表3-2、表3-3)

表3-2 江南水乡传统村落礼制建筑保护相关法律法规(部分)

层面	名称	时间
国家	《中华人民共和国文物保护法》	1982
	《中华人民共和国文物保护法实施条例》	2003
	《历史文化名城名镇名村保护条例》	2008
省级	《江苏省历史文化名城名镇保护条例》	2001
	《江苏省文物保护条例》	2003
	《浙江省文物保护管理条例》	2005
	《浙江省历史文化名城名镇名村保护条例》	2012
	《上海市文物保护条例》	2014
	《江苏省传统村落保护办法》	2017

续表

层面	名称	时间
市级	《南京市文物保护条例》	1989
	《南京市历史文化名城保护条例》	2010
	《苏州市古建筑保护条例》	2002
	《苏州市历史文化名城名镇保护办法》	2003
	《苏州市古村落保护条例》	2013
	《苏州国家历史文化名城保护条例》	2017
	《苏州市历史建筑保护利用管理办法》	2021
	《无锡市历史文化名城保护办法》	2006
	《无锡市历史文化遗产保护条例》	2009
	《常州市文物保护办法》	2013
	《常州市历史文化名城保护条例》	2017
	《镇江市文化遗产保护管理办法》	2013
	《镇江市历史文化名城保护条例》	2019
	《杭州市历史文化街区和历史建筑保护条例》	2013
	《杭州市历史文化名城保护条例》	2023
	《湖州市历史文化名城保护办法》	2013
	《湖州市市区历史文化街区与历史建筑保护管理办法》	2013
	《嘉兴市文化遗产保护办法》	2009

表 3-3　江南水乡传统村落礼制建筑部分省级以上文保单位一览表

序号	名称	所在村落	文保级别
1	轩辕宫正殿	苏州市吴中区东山镇杨湾村	全国重点文保单位
2	徐氏宗祠	苏州市吴中区金庭镇东村	省级文保单位
3	礼嘉王氏宗祠	常州市武进区礼嘉镇礼嘉村鱼池	省级文保单位
4	周氏宗祠	南京市高淳区砖墙镇三和村	省级文保单位
5	解氏宗祠正厅	镇江市新区丁岗镇葛村	省级文保单位
6	敦睦堂	镇江市京口区姚桥镇兴隆村	省级文保单位
7	朱氏宗祠	镇江市京口区姚桥镇儒里村	省级文保单位
8	殷氏宗祠	镇江市丹徒区辛丰镇黄墟村	省级文保单位
9	张家祠堂正厅	镇江市句容市后白镇芦江村	省级文保单位
10	芹川王氏宗祠	杭州市淳安县浪川乡芹川村	省级文保单位
11	余氏家厅	杭州市淳安县汾口镇赤川口村	省级文保单位

续表

序号	名称	所在村落	文保级别
12	申屠氏宗祠	杭州市桐庐县江南镇荻浦村	省级文保单位
13	孝子祠	杭州市临安清凉峰镇杨溪村	省级文保单位

对于传统村落礼制建筑的开发利用，各地也实行一系列措施，推动礼制建筑与文化旅游融合发展。一些传统村落礼制建筑被改造成为纪念馆，如苏州明月湾村邓氏宗祠被改造为暴式昭纪念馆，展示清代廉吏暴式昭的生平事迹，成为开展廉政教育的重要基地。

一些传统村落礼制建筑被改造成为博物馆，如杭州建德市新叶古村积极探索传统建筑与文旅融合发展之路，新叶村被誉为“中国明清建筑露天博物馆”，村中共有16座祠堂，具有独特的乡土建筑特色，新叶村充分对这些祠堂进行开发利用，以博物馆形式进行开放，发展研学游和亲子游，促进礼制建筑活化利用。

一些传统村落礼制建筑被改造成为文娱中心，如建德市大同镇溪口村翁氏宗祠作为老年活动室和农家书屋开放，在传统节日期间会在祠堂举行民俗活动，充分发挥祠堂的使用功能。

一些传统村落礼制建筑被改造成为非遗展示馆，如杭州桐庐彰坞村竹艺非遗展示馆是在六家祠堂基础上改造而成的，馆内展示彰坞竹文化和技艺传统，向外界宣传推广竹艺非遗。临安区杨溪村的浙西民俗文化馆是在郎氏宗祠基础上改造的，馆内展示浙西传统农耕生产工具以及农耕习俗，充分彰显本土民俗文化的特色。苏州市东村徐氏宗祠改造为西山石刻碑刻文化展示馆，展示馆共收录了西山现存的历代摩崖石刻拓片、碑刻拓片一百多方，宣传西山碑刻石刻文化。

一些传统村落礼制建筑被改造为文化学堂，如杭州临安区杨溪村孝子祠被打造成为忠孝学堂，成为青少年第二课堂活动基地，传承弘扬忠孝文化，让青少年在这里接受传统忠孝文化教育。

二、江南水乡传统村落礼制建筑保护存在的问题

（一）保护利用不够均衡，常态化保护机制尚需完善

江南水乡传统村落礼制建筑的保护利用不够均衡，各地区重视程度不一，常态化保护机制亟需完善。

一些旅游资源较为丰富的传统村落会加强礼制建筑的保护利用，将其开发为旅游景点。如苏州明月湾村将祠堂作为重要景点面向公众开放，祠堂安排专人进行管理，这些祠堂得到了有效保护和充分的利用。一些旅游资源较为匮乏的传统村落对于礼制建筑保护利用相对不足，一般只是对于各级文保单位的礼制建筑进行了重点保护，由上级部门拨付专项资金进行修缮管理，对于这些礼制建筑起到了更好的保护作用。但是对于一些非文保单位的礼制建筑保护相对不足，由于这些礼制建筑都是自行管理，长期处于无人看管状态，年久失修，一些礼制建筑濒临倒塌。如苏州东村的东园公祠，长期无人管理，大部分建筑被拆除或者改建，祠堂仅剩砖雕门楼。

由于村民对礼制建筑保护重视程度不够，一些祠堂因管理不善而遭受火灾最终被损毁，如杭州富阳区小剡村李氏宗祠。虽然一些村落对祠堂进行修缮，但是在修缮过程中没有坚持“修旧如旧”的原则，使用了现代新材料和新工艺，拆掉原有建筑构件，采用现代建筑风格，甚至新建一些仿古建筑，严重影响到礼制建筑的传统风貌，导致礼制建筑失去原真性。

一些传统村落祠堂是由当地村委会或者宗族负责管理，往往会聘请年纪较大的村民负责日常管理，他们的工作仅限于祠堂房屋设施的管理以及组织开展祭祀仪式等，对于祠堂建筑的专业性维护知识不够了解，缺少专业技术人员支持，不懂得主动保护祠堂，因此无法更好地维护管理祠堂，也不能更好地利用祠堂空间。调研过程中发现，相对多的祠堂都是自主管理，一些管理人员属于兼职，平时祠堂一般很少对外开放，只有在重大活动或祭祀仪式时才会开放。

（二）缺少保护利用规划，保护目标不够明确

江南水乡传统村落礼制建筑的保护利用缺少整体规划，各地在制定保护规划时没有针对礼制建筑进行规划，尚未形成专门性的礼制建筑保护规划。一些传统村落在制定保护性规划时虽然把礼制建筑列入，但是没有形成具体操作方案，只是作为传统村落保护的一部分进行管理。有的传统村落仅仅把成为各级文保单位的礼制建筑作为保护对象，但是对于一些非文保单位的礼制建筑没有提及。有的传统村落虽然对祠堂进行了修缮使用，但是开发利用积极性不高，认为祠堂是祭祀祖先的场所，开发会破坏祠堂的神圣性。

一些传统村落礼制建筑虽然制定了保护规划，但是保护规划制定不够科学，保护范围不够合理，没有对礼制建筑周边自然环境和人文环境进行整体规划，缺少礼制建筑整体性保护规划，影响到礼制建筑保护的有效性。

一些传统村落礼制建筑保护目标不够明确，没有用长远的发展眼光去看待礼制建筑保护，没有制定礼制建筑保护远期目标，仅仅把日常修缮维修作为保

护目标，保护措施较为单一，不能切实履行保护责任。

由于地方政府尚未出台礼制建筑保护的专项法规，导致一些村落在礼制建筑保护利用上不够科学，重视开发利用，忽视保护，甚至出现过度开发利用的情况，这样就会对礼制建筑造成破坏。

由于礼制建筑管理部门不统一，导致保护水平参差不齐。有的礼制建筑属于文保部门管理，有的礼制建筑属于地方乡镇或街道管理，有的礼制建筑属于村委会管理，还有的礼制建筑属于宗族集体管理。管理部门较为分散，无法对礼制建筑进行统一的保护利用，容易将礼制建筑用作其他用途。

（三）保护资金投入不足，尚未形成多元融资体系

保护资金不足，是制约传统村落礼制建筑生存的重要因素。调研中发现，很多传统村落未能借助 PPP 模式进行融资，未能引入银行信贷资金，保护资金来源较为单一，大多是依靠财政和自筹。

对于一些入选中国历史文化名村和中国传统村落名录的传统村落会有保护专项经费，这些经费主要是用来保护传统村落整体，需要保护的传统建筑很多，投入到礼制建筑的保护经费就少之又少。一些成为各级文保单位的礼制建筑虽然有专项资金，但是资金一般面向政府产权的礼制建筑。不同文保级别的礼制建筑存在差异，级别较低的礼制建筑获得资金较少，很难保证其正常修缮维护。

此外还有一部分是非文保单位的礼制建筑，保护费用一般是地方自筹。由于礼制建筑维修成本较高，地方没有足够资金投入，只能由村委会或个人自己解决资金来源，因此大多数礼制建筑如祠堂，一般都是村民集资修建。不同村落的村民经济情况不同，很多村落筹集的款项仅供开展祭祀活动所用，对于祠堂的专业维修还缺乏足够的资金支持。

传统村落和礼制建筑的保护利用是一项长期投资项目，需要投入大量的资金，在收益上需要时间较长，因此很难吸收到外来资金投入。有的传统村落虽然制定了保护开发规划，但是由于缺乏资金而搁浅。

一些自然环境优美、人文气息浓郁的传统村落虽然进行了旅游开发，把礼制建筑作为旅游景点对外开放，但未能形成多元融资体系，只是依靠收取一定门票弥补资金不足，因此也就无法获得更多资金进行保护。

（四）保护利用方式单一，资源整合力度不够

江南水乡传统村落礼制建筑开发利用较少，大多数祠堂都是为本族族人祭祀先祖使用，只有在重大节日才会开放，并且只是提供参观。少数祠堂被改造

成为图书室、纪念馆、展示馆、村民活动中心等，但是利用方式较为单一，没有借助现代化科技手段展示礼制建筑的独特魅力。利用礼制建筑进行文化开发的项目缺乏趣味性，不具备市场竞争力。

苏州明月湾村暴式昭纪念馆是由邓氏宗祠改造而成，馆内以文字和图片形式展示暴式昭廉吏的形象，只是静态的展览形式，没有运用 AR、VR 视觉技术，不能让观众身临其境体验。

苏州东村徐氏宗祠作为西山石刻碑刻文化展示馆面向公众开放，只是沿袭传统意义上的展览形式，在布展上没有创新，也没有将其与东村其他旅游资源整合，缺少足够的吸引力。

有的传统村落虽然将礼制建筑与旅游融合开发，但是仅仅将礼制建筑作为单个景点开放，未能将其与其他资源进行整合，没有对村落旅游资源进行联动开发，旅游线路设计上也不够科学合理。

杨溪村孝子祠打造忠孝学堂研学游项目，虽然形成忠孝文化品牌，但只是地方品牌，尚未形成全国知名品牌。没有借助现代宣传媒介如抖音、短视频等进行传播推广，没有专业机构进行策划经营，也没有和杨溪村自然资源、人文资源有机结合，知名度较弱，难以形成知名文化品牌。

（五）文化内涵挖掘不深，未充分展现礼制文化独特魅力

江南水乡传统村落礼制建筑是礼制文化和建筑文化的集中体现，蕴含着丰富的文化内涵，呈现出不同于其他地区的地域文化特色，是各种文化融合发展形成的特色建筑。

通过调研发现，一些礼制建筑开发利用时没有充分挖掘文化内涵，仅仅只是对礼制建筑本体进行开发利用，忽略了礼制建筑背后的故事和典故，没有把礼制建筑蕴含的精神文化融入其中，没有进行深层次挖掘，不能更好地阐释礼制文化，缺乏礼制人文精神的挖掘。

一些祠堂改造成为文化礼堂，只是注重建筑的使用功能，将其作为宣传地方文化的场所，没有将其与礼制文化有机结合，创新性不足，基本都是传统的陈列展览开发模式，没有结合现代的时尚和科技元素，不能和当地文化资源融合发展，因此难以形成礼制建筑的文化品牌效应。

一些礼制建筑在开发利用时，与文化创意产业相结合，尽管也开发出一系列文创产品，但是整体上没有新意，没有将江南水乡地域文化更好融入，开发的产品多是传统的手工艺品，很难体现江南传统村落民俗文化内涵。一些礼制建筑开发的产品相对较为单一，没有形成规模化发展态势，市场占有率较低，不能适应大众化需求，也难以获得游客的青睐。

第四节 江南水乡传统村落礼制建筑保护的策略

一、江南水乡传统村落礼制建筑保护的原则

（一）原真性原则

原真性是礼制建筑保护的重要原则，必须严格遵守这一原则。江南水乡传统村落礼制建筑是礼制文化的物质载体，见证村落礼制文化的发展历程，是村民寄托情感的重要场所，真实反映了村民的生活。坚持礼制建筑保护的原真性就是要保持历史原貌，对礼制建筑的建筑构造和建筑工艺进行原汁原味的保护，不破坏建筑本体，力求实现礼制建筑原真性的最大保护，真实再现礼制建筑蕴含的礼制文化，使其成为延续礼制文化的真实载体。

在修缮保护礼制建筑时要认真研究其历史发展脉络，认真核对礼制建筑的历史由来，制定科学合理的修缮方案，让其恢复真实历史原貌。在修缮保护中要坚持“修旧如旧”的原则，以历史文献资料和建筑图纸作为指导，使用原汁原味的建造技艺和工艺流程，从延续礼制文化的角度出发，尽可能地恢复礼制建筑历史原貌，最大限度保持其原始状态，确保礼制建筑真实反映出原有的建筑风格和建筑形态。

在开发利用礼制建筑时要保持其整体建筑格局，不进行较大规模改造，利用其作为纪念馆陈设展览时需要还原物品原状，保留真实的历史信息，不破坏礼制建筑的文化空间，坚持把礼制建筑原真性与村落发展相结合，将礼制建筑的真实风貌展现给观众，让观众感受到礼制文化的独特魅力。

（二）整体性原则

江南水乡传统村落礼制建筑与村落自然环境和人文环境紧密联系，形成不可分割的整体，共同构成一个完整的村落格局。需要坚持整体性保护原则，不仅要保护礼制建筑个体，还要将其周边环境纳入到保护范围，制定整体性保护规划，统筹考虑周边的自然环境、生态环境、人文环境，实施整体性保护措施。

南京仓口村保留有多座祠堂，祠堂与仓口村自然环境和民居建筑融为一体，与仓口村整体格局一致，是仓口村历史风貌的重要组成部分，对这些祠堂要

实施整体性保护，保持它们原有的建筑风貌和建筑格局，设立专门的保护范围，对于影响整体性的其他建筑应该进行整治，确保村落环境保持一致，形成礼制建筑整体性保护理念。

江南水乡传统村落礼制建筑的整体性包含物质和非物质等要素，共同构成了礼制建筑的整体。物质要素是礼制建筑本体，需要注重保持礼制建筑结构的完整性，对于礼制建筑整体结构要加强巩固，确保其完整性不被破坏。非物质要素是礼制建筑营造技艺以及相关的精神文化等，既要保护物质本体与其周围环境，还要保护建筑营造工艺，延续历史价值。礼制建筑还蕴含着礼制文化和精神内涵，要传承和弘扬礼制文化，注重礼制建筑与礼制文化的和谐统一。

（三）可持续发展原则

江南水乡传统村落礼制建筑承载着丰富的历史信息和礼制文化，是村民寄托情感和开展祭祀活动的重要场所，这些礼制建筑具有独一无二的特性，如果遭到破坏会影响到传统村落的人文生态完整性，因此要坚持可持续发展保护原则，实现礼制建筑的可持续发展。

礼制建筑蕴含着丰富的礼制文化，体现着传统村落礼制文化的历史发展脉络，需要把礼制建筑生态文化可持续发展放在优先位置，把与其相关的人文、历史、文化等要素纳入到重点保护范围，进行专门的人文生态规划，确保礼制建筑的人文生态环境不受破坏，延续和传承传统村落礼制文化传统，形成礼制建筑人文环境的可持续发展。

开发利用礼制建筑时，不搞过度开发，设计时需要考虑到礼制建筑的功能性和实用性，根据不同功能进行改造，最大限度保留礼制建筑原有建筑格局和建筑形态，不破坏传统村落肌理。新建的景观建筑要与礼制建筑保持一致，实现新旧建筑的和合共生。改造过程中要防止发生破坏物质本体和人文生态的现象，注重礼制文化的保护，坚持科学合理、可持续发展的原则，注意统筹短期经济效益与长远礼制建筑保护之间的关系，不破坏礼制建筑及其周围自然和人文环境，保持礼制建筑的可持续发展。

（四）文化传承性原则

礼制建筑是礼制文化的典型代表，受到中国传统礼制文化的影响，礼制建筑形成了自成体系的建筑，同时具有礼制文化和传统建筑文化的特征。礼制建筑在建筑结构、建筑形态、空间格局等方面体现着礼制秩序和等级制度，集中反映了封建礼仪文化和儒家伦理道德，蕴含着丰富的礼制文化内涵，是中国古代封建社会礼制文化的集中体现。

江南水乡传统村落礼制建筑是重要的文化遗产，是在长期的礼制文化发展过程中形成的，对当时的教育和文化产生着一定影响。礼制建筑具有传承礼制文化的功能，它承载着礼制文化和礼制精神，通过建筑本体展现礼制文化的深刻内涵，通过它们可以清晰了解传统村落礼制文化的演化过程。

江南水乡传统村落礼制文化根植于地方，具有鲜明的地域文化特色。江南为吴文化发源地，吴文化与地方文化融合在一起形成独特的礼制文化。一些传统村落祠堂建筑在建造形态上有所体现，祠堂以礼为主线，沿着中轴线布局，体现着古代尊卑有序的封建等级思想。

开发利用礼制建筑时要坚持文化传承原则，将传统文化和礼制文化有机融合，形成独具特色的地域文化，打造特色礼制文化旅游产品，实现礼制文化资源的特色开发。

（五）彰显特色原则

彰显特色是礼制建筑开发利用需要坚持的原则，江南水乡传统村落礼制建筑具有不同于其他地区的特色，体现着江南地区的地域文化特色。江南水乡传统村落的礼制文化通过礼制建筑予以呈现，在长期历史发展过程中，融合了不同的文化，反映着不同历史时期的礼制文化发展特征，具有鲜明的江南地域文化特征。

保护利用礼制建筑需要坚持彰显特色原则，注重实现礼制建筑保护利用的创新发展，注重静态和动态结合的保护方式，设计差异化的旅游线路，开发与众不同的旅游产品，打造独具特色的江南水乡礼制文化品牌。

保护利用礼制建筑时要将其与礼制文化相结合，展示江南独有的礼制文化，利用现代化的技术手段，让江南水乡传统村落礼制建筑“活”起来，实现礼制建筑创新性发展。运用高科技手段，将这些礼制建筑的文化元素通过3D立体模型生动呈现，充分展示江南水乡独有的礼制文化特色。

保护利用礼制建筑还要坚持使用多样化和多元化的保护手段，突出江南水乡传统村落礼制文化品位，要将其与传统文化融合，形成彰显特色、独具个性的礼制文化旅游产品，从而提升江南水乡传统村落礼制建筑的形象，提高江南水乡传统村落礼制建筑的知名度。

二、国内礼制建筑保护的成功模式

（一）北京皇家祭坛

皇家祭坛是中国古代封建王朝举行祭祀活动的重要场所，是中国礼制建筑的重要组成部分，体现着中国传统礼制文化的博大精深。北京皇家祭坛主要有天坛、地坛、日坛、月坛、社稷坛等，是中国祭祀建筑杰出的范例。

天坛在北京城正南，由圜丘坛、皇穹宇和祈年殿三部分组成，是世界上最大的祭天建筑群；地坛在北京城北，分为内坛和外坛，是皇帝祭地的场所；社稷坛是皇帝祭祀土神谷神的场所；日坛是皇帝祭祀太阳神的场所；月坛是皇帝祭祀月神的场所；先农坛是皇帝祭祀先农、山川太岁诸神的地方；先蚕坛，在北京北海公园东北角，是皇后祭祀先蚕神和采桑养蚕的地方。①

北京皇家祭坛受到了很好的保护，被认定为全国重点文保单位，天坛还被列入世界文化遗产名录。依托这些皇家祭坛，建设了公园和博物馆，通过陈列展览的方式进行保护和开发利用，在开发的同时注重周边环境的保护，实现了礼制建筑与环境和谐共处的目的。

（二）曲阜孔庙

曲阜孔庙是中国古代封建社会祭祀儒家代表人物孔子的重要祭祀场所，现为世界文化遗产。曲阜孔庙整体设计巧妙，中轴对称，“三路九进”，呈现出封建礼制秩序的尊卑有序。

现存曲阜孔庙建筑群以南北为中轴线，分左、中、右三路建筑布局，前后共九进院落，有各类建筑 100 余座 460 余间，东西横宽 140 米，南北纵长 1 000 余米，结构严谨，气势宏伟，是中国著名的宫殿式建筑群落。②

曲阜孔庙的保护受到高度重视，在保护修缮上面投入大量的资金，作为三孔景区重要组成部分开放。孔庙大成门、孔庙十三碑亭等建筑在修缮上采取了多种形式，坚持“修旧如旧”的原则，力求保持孔庙的原真性和完整性。

（三）无锡惠山祠堂群

无锡惠山祠堂群位于惠山古镇，占地面积近五万平方米，是国内现存最大的祠堂群。目前保存有 108 处唐朝到民国时期的祠堂和祠堂遗址，其中包括华孝子祠、钱王祠、范文正公祠等，2006 年惠山祠堂群被列入全国重点文物保护单位。

自 2003 年提出申报世界文化遗产以来，惠山祠堂群得到了较好的保护，有关部门编制了惠山古镇保护规划，提出重点保护惠山祠堂文化，拨付专项资金聘请专业人员修缮了一批祠堂，如杨藕芳祠、顾洞阳祠等。专门成立祠堂文化

---

① 刘媛. 北京明清祭坛园林保护和利用[D]. 北京林业大学，2009.

② 孔志刚. 孔庙建筑结构探究[J]. 文物鉴定与鉴赏，2020(9)：16-18.

研究会,开展惠山祠堂群的学术研究。2012年惠山祠堂群入围《中国世界文化遗产预备名单》。2018年惠山古镇被列入江南水乡古镇联合申报世界文化遗产名单。2022年无锡市制定出台《无锡市江南水乡古镇保护办法》,专门针对惠山祠堂群设立了保护条款。

三、江南水乡传统村落礼制建筑保护的模式

(一) 礼制文化博物馆

博物馆是目前礼制建筑保护的主要模式,优点在于可以完整地保存礼制建筑原貌,一些传统村落礼制建筑采用了博物馆模式。礼制文化博物馆是以礼制文化为主题设计的博物馆,根据礼制文化的特点,将礼制文化相关的人物、文学和艺术作品通过陈设展览的形式予以展现,介绍礼制文化的发展历史,传播礼制文化。

镇江市儒里村朱氏宗祠是南宋理学家朱熹后人为儒里朱氏始祖而建,可以依托朱氏宗祠改造成礼制文化博物馆,展示古代祭祀礼器、礼学名人、礼学思想、礼仪文化等。设立礼学名人展区,将历朝历代崇礼之人的优秀事迹通过文字、图片、影像等形式予以呈现。结合儒里村地域文化特色,设立乡土礼仪文化展示区,将乡村孝悌德行和崇学重教的优秀事迹宣传展示,介绍乡村礼仪仪式。设立朱熹礼学思想展示专区,运用现代媒体技术,制作朱熹礼学思想相关视频,通过手机扫码观看,提高博物馆的吸引力。

(二) 礼制文化主题公园

礼制文化主题公园是以礼制文化为主题,整合当地自然环境、历史遗存、民俗文化等资源,以展示礼制文化为主线,融入礼制思想和儒家思想,设计相关主题,打造富有浓厚礼制文化底蕴的主题公园。礼制主题文化公园不仅可以丰富礼制文化内涵,将自然景观、历史遗存和礼制文化完美融合,用主题公园的形式展示特色礼制文化。

梅林村自然环境优美,风景秀丽,被评为中国美丽休闲乡村,村里有孔庙、东林寺、梅村古戏楼等历史遗存,孔庙是体现儒家文化的代表性礼制建筑,可以依托梅林村孔庙,将其与其他资源整合,融入礼制文化和儒学文化,打造礼制文化主题公园。礼制文化主题公园内建造礼制文化景观如礼制文化长廊,通过图片、文字以及相关书籍和艺术作品展示礼制思想,举办礼制文化节来宣传推广,提高礼制文化主题公园知名度。

（三）礼制文化体验馆

礼制文化体验馆是通过体验形式展示礼制文化的主题馆，它是利用礼制建筑作为体验场所，为礼制文化提供可触摸的、体验式的载体，设计礼制文化体验项目，使用现代媒体技术，开发一些体验式项目，运用礼制文化的独特魅力来吸引参观者，让人们在感官和心灵上有所体验。

杭州芹川村自然环境优美，依山傍水，村中礼制文化氛围浓厚，保存有王氏宗祠、七子学堂等建筑。以传承和弘扬礼制文化为发展理念，依托王氏宗祠设计礼制文化体验馆，将其分为交互体验区、虚拟空间体验区、影像展示体验区等，形成一个完整的体验空间。礼制文化交互体验区中将礼制文化有特色、有重点地交互体验，满足不同人群的体验需求。将中国传统礼仪活动贯穿其中，在体验馆策划一些成人礼、拜师礼等礼仪活动，在重大节日举行祭祀仪式，让不同人群参与体验，亲身感受礼制文化的魅力。虚拟空间体验区运用高科技手段开展礼制文化讲解互动课程，以此提高观众对体验馆的兴趣。影像展示体验区是通过 5D 全息影像让观众身临其境观看礼制文化相关视频，以此形成对礼制文化的崇尚。

（四）民俗文化展示馆

民俗文化展示馆是在民俗文化和非遗资源丰富的地区开设的展示馆，以展示地方民俗文化为目的，通过展示实物以及开展民俗文化活动，宣传推广当地独具特色的民俗文化。

杭州上吴方村保留有较完整的祠堂建筑，共有 6 座祠堂，民俗文化资源丰富，拥有多项非物质文化遗产项目，如上吴方村布龙、舞狮、剪纸等，被认定为杭州市非物质文化遗产旅游景区(民俗文化村)。可以依托上吴方村祠堂建设民俗文化展示馆，借助非遗数字平台，通过视频形式介绍上吴方村非遗概况。开辟非遗展示区，将一些非遗工艺品予以展示，聘请非遗传承人在馆内进行技艺展示，如布龙和板凳龙民俗文化，让工匠在馆内现场扎糊龙灯，剪纸艺人现场制作民俗文化艺术品，让民俗文化与现代文化相融合，实现非遗活态传承。举办民俗文化节传播当地民俗文化，通过表演舞龙灯、舞狮等展演形式，实行网络直播形式宣传，组织社会参与，调动人们参与积极性，扩大民俗文化知名度。

（五）礼制文化名人展示区

礼制文化名人展示区是通过展区形式，以礼制名人为主题，将礼制建筑和自然资源、历史遗存、民俗文化等资源有机融合，打造集礼制文化、名人文化、礼制教育、休闲旅游于一体的主题展示区。

苏州陆巷村位于太湖之滨，名人辈出，明清时期出了11位进士，40多位举人，其中状元和探花各1人，当代又出了多位院士和教授。明朝宰相王鏊连中解元、会元、探花，村中至今立有三元牌楼。可以依托陆巷村王家祠堂及王鏊故居等建筑，建设礼制文化名人展示区，围绕礼制文化和名人文化来设计，分为名人家风家训展示区、名人文艺作品展示区等，借助陆巷村山水相依的自然环境和有丰富文化底蕴的历史遗存，构造礼制文化和名人文化景观，设置名人塑像，优化展示区的文化功能，打造具有礼制文化和名人文化特色的展示区。展示区将陆巷村礼制文化名人明朝宰相王鏊和清代状元王世琛等人在文化教育方面的成就融入其中，通过介绍他们的生平事迹，深层次挖掘文化内涵，形成亮点进行打造，重点关注他们对乡村礼制文化的价值，将其与时代价值相融合，传承和弘扬礼制文化。

（六）礼制文化创意馆

礼制文化创意馆是将文化创意元素与礼制文化相融合，将礼制文化与现代文化相结合，通过设计一些礼制文化创意产品，采用文化创意设计理念，融入礼制文化创意元素，注重礼制文化的创新性发展。

桐庐深澳村是申屠氏族人聚居地，村中有申屠氏宗祠和深澳建筑群等历史建筑，深澳村凭借丰富的自然和人文资源，大力发展文化创意产业，吸引众多手工艺品、美术等业态，打造百匠创客街区、百匠艺术街区。可以依托深澳村申屠氏宗祠等历史建筑，打造礼制文化创意馆，以礼制文化为主题，设计一些礼制文化相关的文化创意产品，将祠堂打造成为新颖时尚的礼制文化创意空间，运用文创理念打造礼制文化创意馆。产品设计上深入挖掘礼制文化元素，将礼制文化与艺术创意结合，形成深澳村独有的礼制文化品牌。搜集整理申屠氏家族生平事迹，提炼深澳村礼制文化元素，将深澳村独有的建筑元素和礼制文化精神内涵融入到文创产品设计中，形成礼制文化与文创产品完美融合的设计作品。

四、江南水乡传统村落礼制建筑保护的对策

（一）加大保护管理力度，完善常态化保护机制

各地加大江南水乡传统村落礼制建筑保护力度，根据价值和等级对礼制建筑进行分级分类保护，对具有历史文化价值的各级文保单位的礼制建筑实行重点保护，对其修缮规定、结构形态、空间布局等做出明确要求，确保其不受破坏。

对于一些非文保单位的礼制建筑要进行分类保护，根据现状将其分为良好、一般、较差等级别，采取不同的保护措施，将价值较大、保护良好的礼制建筑尽快纳入到文保单位。

各地区要开展江南水乡传统村落礼制建筑调查登记和价值评估工作，建立各地区传统村落礼制建筑数据库，借助于数字媒体技术和三维扫描技术，完整记录江南水乡传统村落礼制建筑各方面信息，通过数字化和可视化的 BIM 技术进行建模，建立江南水乡传统村落礼制建筑的动态数据库。

各地区要完善江南水乡传统村落礼制建筑常态化保护机制，针对各地实际情况制定科学合理的保护措施，加强各部门之间的协同合作，指导本地区的礼制建筑保护工作。一些村落开发利用礼制建筑时要加大管理力度，遵循“保护为主，开发为辅”的原则，不得随意更改礼制建筑的使用功能，破坏其原真性和整体性，要在法律法规允许情况下进行合理开发。

各村要成立礼制建筑保护管理机构，成立保护工作小组，制定保护管理相关制度，将礼制建筑保护列入村委会年终考核内容。选拔一批综合素质高的人员成立保护志愿者队伍，明晰保护工作内容，明确保护人员的工作职责，定期组织人员巡查礼制建筑保护情况，定期安排技术人员对礼制建筑进行维护，有序推进礼制建筑保护工作顺利开展。

（二）科学统筹合理规划，综合开展保护利用

礼制建筑保护利用需要制定科学合理的规划，严格根据规划来开展保护工作。各地要结合地区特点和村落优势，制定传统村落保护规划，将礼制建筑纳入其中，明确具体保护措施。对一些价值重大的礼制建筑制定专门的保护规划，将其建筑风貌、历史文化、空间格局等列入保护范围，对其周边环境也要进行规划，避免出现破坏礼制建筑整体性现象。把一些等级不高、价值较低的礼制建筑作为开发利用对象，将其与周边旅游资源联动开发、形成良性互动的开发利用机制。

传统村落礼制建筑开发利用中，要以整体保护为主，综合开展礼制建筑开发利用工作，兼顾保护与开发协调发展，做到适度开发、合理利用，正确处理好保护与开发之间的关系，保持原真性和整体性，不破坏礼制建筑的周边环境。

礼制建筑保护利用要与乡村总体规划相结合，要分阶段制定切实可行的目标，逐渐实现既定目标。礼制建筑保护规划要凸显特色，规划制定时要充分听取当地居民的意愿，提高规划制定的透明性和可行性。制定传统村落礼制建筑开发利用规划时，要聘请专业旅游规划人员对传统村落和礼制建筑进行系统分析，以乡村的自然环境、历史遗存、礼制文化、民俗文化等资源为基础，融合旅游

学、生态学、文化学、民俗学等知识，充分展现传统村落礼制建筑独特魅力，实现传统村落自然环境、生态文化和社会经济的可持续发展。

（三）加大投资力度，形成多元化融资模式

礼制建筑的保护需要有足够的资金，需要加大投资力度，形成多元化融资模式，吸收社会资金投入。传统村落要积极申报国家级、省级传统村落，将保存良好的礼制建筑申报传统建筑群，最大限度争取政府对传统村落和礼制建筑的专项保护资金。

政府要引导传统村落形成多元化资金投入模式，探索政府、集体和村民共同出资的混合所有制。对于一些价值重大的礼制建筑，可以通过发行债券的形式募集保护资金。创新融资方式，引入银行信贷资金，借助 PPP 模式进行融资，拓宽融资渠道，为礼制建筑保护募集更多资金。

各地要多措并举募集社会资金投入，吸引民间资本参与，让其掌握经营权，明确各方责任和收益分配，充分调动民间资本投入的积极性。在一些旅游资源丰富的传统村落，一些文保单位的私人产权礼制建筑，由地方成立旅游公司进行开发，采取房屋置换方式，统一对其进行开发利用，实行统一的开发运营。对于非文保单位的私人产权礼制建筑，由经营者与房屋所有者签订协议，允许所有者以房作为股份，明确双方的投资份额，按照股份参与分红，让所有者成为经营者，与公司共同出资修缮维护礼制建筑，共同开发文旅项目，实现礼制建筑保护与居民获利双赢。

（四）发挥资源整合优势，创新开发利用模式

江南水乡传统村落自然环境优美，拥有众多旅游资源，在开发利用礼制建筑时可以与这些资源进行整合，将礼制建筑融入其中，实现各种资源优势互补，共同促进。根据本地区资源特色，精心谋划礼制建筑的开发利用，挖掘礼制建筑的旅游价值，探索多样化的开发利用模式。根据礼制建筑的实际情况，采用礼制文化博物馆、礼制文化主题公园、礼制文化体验馆、礼制文化名人展示区、礼制文化创意馆、民俗文化展示馆等利用模式，传播礼制文化，扩大礼制建筑知名度。

积极拓宽礼制建筑的文化功能，利用礼制建筑打造公共文化空间，如将礼制建筑改造成为图书馆、文化中心等，开展公共文化服务，实现其社会价值。引入咖啡馆、书吧等新业态，在不破坏其原真性和整体性的前提下对礼制建筑进行适度改造，实现其商业价值。利用礼制建筑进行传统手工艺作品展示，开辟手工艺制作空间，聘请手工艺制作者参与其中，传承弘扬地方文化。

积极探索运用虚拟现实技术等现代技术手段开发利用礼制建筑，将AR、VR等虚拟现实技术引入到礼制建筑开发利用中，引入环幕投影、5D影像、3D动画等高科技手段，真实再现礼制建筑所处的时代环境。搜集整理礼制建筑相关的历史故事，将其改编为剧本，编排沉浸式实景舞台剧，运用现代艺术手段，将历史与现实有机融合，通过实景再现和动态演绎，将礼制建筑文化内涵予以展示。依托江南水乡传统村落自然环境和人文环境，开展乡村礼制文化休闲旅游，引入体验式项目，打造研学游一体的礼制文化旅游区。

（五）深入挖掘文化内涵，彰显礼制文化独特魅力

礼制建筑蕴含着中华传统礼仪文化，是新时代传承和弘扬的内容，也是社会主义核心价值观提倡的内容。突出江南地域文化特色，将江南文化和礼制文化有机融合，发挥礼制建筑的教育功能，注入现代文明元素，将其打造成为江南乡村传统文化的传播基地。深入挖掘礼制建筑文化内涵，搜集整理礼制建筑相关人物的优秀事迹和优良品格，将爱国主义融入到礼制文化中，如对孝子祠中孝子的忠孝事迹进行文学和艺术创作，制作短视频在抖音等平台传播，还可以将这些人物形象创作为动漫人物，增强人物的趣味性和娱乐性，形成丰富的礼制文化宣传内容。

加大对礼制建筑的文化价值挖掘，结合江南水乡地域文化，设计乡村礼制文化旅游线路，积极汲取礼制文化特色元素，注重与区域其他旅游资源有机整合进行联动开发，适度开发文化旅游项目，打造区域特色礼制文化旅游品牌。

创新保护利用模式，彰显礼制文化独特魅力。利用礼制建筑开办电视节目，聚焦礼制文化，采用“戏剧＋影视化”表演形式，以不同历史时期人物的时空对话来讲述传统村落和礼制建筑背后的故事，用现代技术手段设计历史空间，提升礼制文化的独特魅力。依托礼制建筑举办大型文化活动，深度挖掘传统村落礼制文化内涵，融入诗词、民歌、戏曲等传统文化元素，展示中华优秀传统文化。采取大众化的宣传形式，策划举办最美村落和最美礼制建筑主题活动，参赛方式为传统村落和礼制建筑的绘画作品、图片和视频，借助微视频、直播等网络媒体进行传播，开展互动交流活动，通过网络评选的形式，评选出最美村落和最美礼制建筑，充分彰显江南水乡传统村落礼制建筑的独特魅力。

第四章 江南水乡传统村落礼制建筑营造技艺研究

第一节 江南水乡传统村落礼制建筑营造流程

一、江南水乡传统村落礼制建筑选址与朝向

江南水乡传统村落礼制建筑选址和朝向与自然环境密切相关，受到礼制思想的影响，在选址和朝向上注重自然环境和生态环境的天人一体，一般会选择依山傍水，景色秀丽的风水宝地。

（一）选址

礼制建筑作为祭祀和供奉先祖的重要场所，人们认为其选址的好坏对宗族兴衰有着重要的影响，选址时会融入天人合一的理念，依据背山面水、负阴抱阳的原则。江南水乡传统村落礼制建筑是根据村落的位置来选址，村落的自然环境和平面布局影响着礼制建筑的选址，与血缘、地缘密切联系。

宗祠作为族人祭祀祖先的场所，在族人心目中占据重要地位，宗祠选址会考虑到宗族血脉相连的因素，宗祠作为宗族权力的象征，一般位于村落的中心位置，占据着村落的最佳位置，村落民居建筑围着宗祠建造，体现着尊卑有序的礼制思想。如苏州明月湾村黄氏宗祠、邓氏宗祠、秦氏宗祠，杭州建德市大慈岩镇李村一本堂，杭州建德市大慈岩镇新叶村有序堂，杭州建德市大同镇溪口村翁氏宗祠，杭州桐庐县江南镇荻浦村申屠氏宗祠、深澳村申屠氏宗祠等。

苏州太湖西山传统村落中的祠堂大多位于村落中心，成为村民祭祀祖先的重要场所，民居环绕祠堂而建，建造规格不超过祠堂。明月湾村地处太湖中心，集聚了吴、黄、秦、邓四大家族，这些家族围绕村落中心建造宗祠，由于明月湾村

中心位置为村前广场，黄氏宗祠、邓氏宗祠、秦氏宗祠都是围绕村前广场而建，分布在其周围。（图 4-1、图 4-2、图 4-3、图 4-4）

图 4-1　明月湾村前广场（作者自摄）

图 4-2　明月湾村邓氏宗祠（作者自摄）

图 4-3　明月湾村黄氏宗祠（作者自摄）

图 4-4　明月湾村秦氏宗祠（作者自摄）

有的规模大的传统村落同姓宗族建有总祠和分祠，如杭州市建德市新叶村，不仅有叶氏总祠有序堂，还有崇仁堂、旋庆堂、永锡堂、荣寿堂、存心堂、启佑堂等分祠。总祠有序堂位于村落的核心位置，民居分布在祠堂两侧。后来随着叶氏家族的不断壮大，分房单独建造了分祠，这些分祠位于总祠的两侧或后方，各房又沿着本房分祠四周建成住宅，逐渐形成了以总祠为中心的团块式村落。（图 4-5、图 4-6、图 4-7、图 4-8）

一些传统村落由于受到所处地形限制，村落中心没有较好地块建设祠堂建筑，因此有的祠堂建筑会位于村落入口处。苏州市吴中区金庭镇东村徐氏宗祠选址在东村入口处。杭州市桐庐县富春江镇茆坪村位于富春江畔，周围群山环绕，芦茨溪从村中流过，胡氏宗祠位于村口，旁边建有五朝门。（图 4-9、图

4-10、图 4-11、图 4-12）

图 4-5　新叶村中心(作者自摄)

图 4-6　新叶村有序堂(作者自摄)

图 4-7　新叶村永锡堂(作者自摄)

图 4-8　新叶村崇仁堂(作者自摄)

图 4-9　东村(作者自摄)

图 4-10　东村徐氏宗祠(作者自摄)

图 4-11　茆坪村(作者自摄)

图 4-12　茆坪村胡氏宗祠(作者自摄)

(二) 朝向

朝是门面向的方位,向是房子的建造方位,朝向是礼制建筑建造时需要考虑的重要因素,朝向不同的礼制建筑代表不同的等级,一般南是最佳位置,建筑朝南可以确保光照充足,坐北朝南的理念对礼制建筑的朝向有着深远的影响。宗祠在建造时会考虑将先祖供奉在最核心位置,也就是宗祠中朝南的建筑。

总的来说,江南水乡传统村落礼制建筑的朝向往往受到村落地形环境以及所处位置的影响,大多数礼制建筑建造时遵循着坐北朝南的原则,体现着南面为尊的等级制度。江南水乡传统村落礼制建筑中坐北朝南的有:苏州市吴中区金庭镇东村徐氏宗祠、明月湾村黄氏宗祠,常州市武进区礼嘉镇鱼池村王氏宗祠,镇江市京口区丁岗镇葛村解氏宗祠、丹徒区辛丰镇黄墟村殷氏宗祠,杭州市桐庐县江南镇荻浦村申屠氏宗祠、桐庐县江南镇徐畈村朱氏宗祠、桐庐县江南镇环溪村周氏宗祠、桐庐县桐君街道梅蓉村柯氏宗祠、梅蓉村郭侯王庙、桐庐县富春江镇俞赵村赵氏宗祠、桐庐县富春江镇俞赵村俞氏宗祠,杭州市建德市寿昌镇乌石村乌石方伯第,建德市更楼街道石岭村石岭叶氏宗祠,建德市大慈岩镇李村一本堂、李村崇本堂,建德市大同镇溪口村翁氏宗祠,杭州市临安区清凉峰镇杨溪村孝子祠、郎氏宗祠等。

但是受到自然环境和气候条件的影响,宗祠朝向不是一成不变的,也会出现一些其他朝向,比如坐东朝西、坐西朝东等,这些都体现着不同的地域文化特征。江南水乡传统村落礼制建筑中坐东朝西的有:杭州市桐庐县江南镇荻浦村江家祠堂、杭州市桐庐县江南镇彰坞村徐氏宗祠,杭州市桐庐县江南镇徐畈村徐氏宗祠,杭州市桐庐县富春江镇茆坪村胡氏宗祠等。江南水乡传统村落礼制建筑中坐西朝东的有:杭州市桐庐县江南镇徐畈村申屠氏宗祠等。(表 4-1)

表 4-1　江南水乡传统村落礼制建筑朝向一览表(部分)

序号	祠堂名称	所在村落	朝向
1	徐氏宗祠	苏州市吴中区金庭镇东村	坐北朝南
2	黄氏宗祠	苏州市吴中区金庭镇明月湾村	坐北朝南
3	王氏宗祠	常州市武进区礼嘉镇礼嘉村鱼池	坐北朝南
4	解氏宗祠	镇江市京口区丁岗镇葛村	坐北朝南
5	殷氏宗祠	镇江市丹徒区辛丰镇黄墟村	坐北朝南
6	荻浦村申屠氏宗祠	杭州市桐庐县江南镇荻浦村	坐北朝南
7	朱氏宗祠	杭州市桐庐县江南镇徐畈村	坐北朝南
8	周氏宗祠	杭州市桐庐县江南镇环溪村	坐北朝南
9	柯氏宗祠	杭州市桐庐县桐君街道梅蓉村	坐北朝南
10	郭侯王庙	杭州市桐庐县桐君街道梅蓉村	坐北朝南
11	俞氏宗祠	杭州市桐庐县富春江镇俞赵村	坐北朝南
12	方伯第	杭州市建德市寿昌镇乌石村	坐北朝南
13	叶氏宗祠	杭州市建德市更楼街道石岭村	坐北朝南
14	一本堂	杭州市建德市大慈岩镇李村	坐北朝南
15	崇本堂	杭州市建德市大慈岩镇李村	坐北朝南
16	翁氏宗祠	杭州市建德市大同镇溪口村	坐北朝南
17	孝子祠	杭州市临安区清凉峰镇杨溪村	坐北朝南
18	郎氏宗祠	杭州市临安区清凉峰镇杨溪村	坐北朝南
19	江家祠堂	杭州市桐庐县江南镇荻浦村	坐东朝西
20	徐氏宗祠	杭州市桐庐县江南镇彰坞村	坐东朝西
21	徐氏宗祠	杭州市桐庐县江南镇徐畈村	坐东朝西
22	胡氏宗祠	杭州市桐庐县富春江镇茆坪村	坐东朝西
23	徐畈村申屠氏宗祠	杭州市桐庐县江南镇徐畈村	坐西朝东

二、江南水乡传统村落礼制建筑基本建筑形式

江南水乡传统村落礼制建筑作为祭祀性建筑，在建筑形式上严格遵守礼制建筑的建筑规范和要求，礼制文化起到了限定作用，为礼制建筑的建筑形制设定了特定标准。

宋代朱熹《家礼》中设立了祠堂制度，对祠堂的建筑形制进行了规定，成为后世祠堂建筑的标准。祠堂以“间”和“进”为单位，“进”指的是祠堂纵向进深，一进为一厅或一堂，进数越多祠堂厅或堂就越多，各进之间还会有天井。“间”指的是祠堂的面阔，间数越多祠堂横向宽度越大。进数和间数多少取决于宗族

势力的大小，一般来说，名门望族的祠堂规模相对比较大。

江南水乡传统村落礼制建筑基本建筑形式主要有二进、三进、四进等，主要类型分为二进三间、二进五间、三进三间、三进五间、三进九间、四进五间等。

二进的礼制建筑一般是由门厅和正厅构成，二进三间的礼制建筑主要有杭州市桐庐县江南镇珠山村洛村庙等，二进五间的礼制建筑主要有杭州市桐庐县富春江镇俞赵村俞氏宗祠等。（图 4-13）

三进在江南水乡传统村落礼制建筑中较为常见，一般由门厅、享堂、寝堂等组成，结构对称，主要有三进三间、三进五间、三进九间等形式。

三进三间的礼制建筑主要有南京市溧水区和凤镇张家村诸家和凤诸氏宗祠、杭州市桐庐县江南镇荻浦村咸和堂、杭州市桐庐县江南镇徐畈村徐氏宗祠、杭州市桐庐县江南镇徐畈村朱氏宗祠、杭州市桐庐县富春江镇茆坪村胡氏宗祠、杭州市桐庐县桐君街道梅蓉村柯氏宗祠、杭州市桐庐县桐君街道梅蓉村郭侯王庙等。（图 4-14、图 4-15）

三进五间的礼制建筑主要有杭州市桐庐县江南镇环溪村周氏宗祠、杭州市桐庐县江南镇徐畈村申屠氏宗祠、杭州市桐庐县江南镇荻浦村申屠氏宗祠、杭州市桐庐县江南镇深澳村申屠氏宗祠等。

三进九间的礼制建筑主要有镇江市丹徒区辛丰镇黄墟村殷氏宗祠，由前厅、享堂、寝堂组成，前后三进呈台阶式，后进高于前进，每进之间设有天井。（图 4-16）

四进在江南水乡传统村落礼制建筑中较为少见，常州市武进区礼嘉镇礼嘉村鱼池礼嘉王氏宗祠为四进五间，由礼厅、三槐堂、槐荫堂、槐恩堂组成。每进房屋高低错落有致，每进之间以廊棚连接。

图 4-13　俞赵村俞氏宗祠(作者自摄)

图 4-14　梅蓉村郭侯王庙(作者自摄)

图 4-15　和凤诸氏宗祠(作者自摄)

图 4-16　黄墟殷氏宗祠(作者自摄)

三、江南水乡传统村落礼制建筑构成元素

江南水乡传统村落礼制建筑的构成元素分为基本构成元素和附属构成元素,基本构成元素包括门厅、享堂、寝堂,附属构成元素包括厢房、戏台、水池、照壁、旗杆等。

(一) 基本构成元素

江南水乡传统村落礼制建筑的基本构成元素包括门厅、享堂、寝堂,门厅是祠堂建筑空间序列的起点,享堂是宗族举行祭祀仪式的场所,寝堂是供奉先祖牌位的居所,也是祠堂建筑的核心。

江南水乡传统村落礼制建筑遵循着古代尊卑有序的理念,在大多数多进院落的礼制建筑中,寝堂最高,享堂次之,门厅最低。如杭州桐庐荻浦村申屠氏宗祠寝堂比享堂高约一米,茆坪村胡氏宗祠寝堂比享堂高约六十厘米,享堂比门厅高约三十厘米。

1. 门厅

门厅是祠堂建筑的入口,门厅的规模形制体现了礼制文化的等级制度,反映着一个家族的社会地位。江南水乡传统村落祠堂的门厅一般为门廊式,以三间或五间居多,中间为通道,左右两边的房间作为储藏室等。大门上方悬挂写有祠堂堂号的牌匾,有的祠堂会在门口两侧放置石狮或者抱鼓石,以此彰显祠堂的庄严气势。

一些传统村落宗祠门厅前面一般会设置木栅栏,如苏州明月湾村黄氏宗祠、邓氏宗祠、秦氏宗祠,这些宗祠门厅为门廊式结构,由两根木质门廊柱支撑,

沿着柱子设置木栅栏。木栅栏后面是门厅，上方悬挂匾额，大门两侧放置抱鼓石。（图 4-17、图 4-18、图 4-19）

图 4-17　黄氏宗祠门厅
（作者自摄）

图 4-18　邓氏宗祠门厅
（作者自摄）

图 4-19　秦氏宗祠门厅
（作者自摄）

一些传统村落的宗祠一般以门厅作为入口，大门直接与祠堂院落相连接。镇江儒里村朱氏宗祠门厅为五开间，大门上方悬挂“朱氏宗祠”匾额，大门两侧放置石狮两个。兴隆村敦睦堂门厅为七开间，大门上方雕有“光前裕后”金字，门楼上保存有精美完整的砖雕。葛村解氏宗祠门厅两边各三间，大门上方悬挂“解氏宗祠”匾额，一对石鼓分列在大门内侧两边，进入大门之后梁上悬挂“榜眼及第”竖匾。大门内两侧有“肃静”“回避”“巡回”等执事碑。（图 4-20、图 4-21、图 4-22）

图 4-20　儒里朱氏宗祠门厅
（作者自摄）

图 4-21　敦睦堂门厅
（作者自摄）

图 4-22　葛村解氏宗祠门厅
（作者自摄）

一些传统村落祠堂前面一般有着开敞的院场空间，祠堂门厅建造的比较气派。杭州桐庐荻浦村申屠氏宗祠门厅呈“凹”字形，大门上方悬挂“申屠氏宗祠”匾额，门前放置抱鼓石一对，设置旗杆石一对，门前为鹅卵石铺砌的广场。深澳村申屠氏宗祠门厅设置廊轩，梁架上刻有精美木雕，大门由四根木质柱子支撑，“申屠氏宗祠”匾额悬挂于大门中心，两侧放置抱鼓石一对。（图 4-23、图 4-24）

图 4-23　荻浦村申屠氏宗祠门厅(作者自摄)

图 4-24　深澳村申屠氏宗祠门厅(作者自摄)

2. 享堂

享堂也称为祭堂、中厅、正厅等，享堂位于祠堂的中心位置，是举行祭拜仪式和宗族议事的场所。享堂一般建造在台基之上，比门厅要高，建筑形制和建筑体量规模较大，可以容纳众多族人参与祭祀。江南水乡传统村落祠堂的享堂一般为三开间或者五开间，中间布置木案台，香炉放在其上，祭祀时将先祖牌位放置案台之上，以供族人祭拜。

儒里村朱氏宗祠祭堂放置木质八仙桌，上方悬挂“学达天性”匾额，下方立有朱熹汉白玉雕像，后面为木质屏风，刻有《治家格言》，两边抱柱刻有楹联两幅，上刻“数行仁义事，长存忠孝心”“乾坤三阙里，古今两大成”。葛村解氏宗祠享堂位于祠堂中央位置，为三开间，梁架为楠木结构，门前设置石质护栏，护栏上雕刻石狮。祠堂正中悬挂“圣旨亭”，殿内挂有众多匾额。（图 4-25、图 4-26）

图 4-25　儒里朱氏宗祠享堂(作者自摄)

图 4-26　葛村解氏宗祠享堂(作者自摄)

杭州一些传统村落祠堂的享堂为开放式结构，一般不设大门，由几根柱子支撑屋顶。桐庐江南镇申屠氏宗祠分为总祠和分祠，总祠为获浦村家正堂，分祠为深澳村攸叙堂。

获浦村申屠氏宗祠享堂正中心悬挂“家正堂”匾额，下方悬挂申屠氏先祖画像，殿内放置桌案和凳子，两边柱子上刻有楹联。深澳村申屠氏宗祠享堂正中悬挂“攸叙堂”匾额，下方悬挂申屠氏先祖画像，中间摆放木案和凳子。徐畈村申屠氏宗祠享堂正中悬挂“庆锡堂”匾额，下方悬挂先祖画像。环溪村周氏宗祠享堂上方悬挂“道通太极”匾额，下方正中悬挂“爱莲堂”匾额，下方摆放木桌和木椅。（图 4-27、图 4-28、图 4-29、图 4-30）

图 4-27　获浦村申屠氏宗祠家正堂
（作者自摄）

图 4-28　深澳村申屠氏宗祠攸叙堂
（作者自摄）

图 4-29　徐畈村申屠氏宗祠庆锡堂
（作者自摄）

图 4-30　环溪村周氏宗祠爱莲堂
（作者自摄）

3. 寝堂

寝堂也被称为寝殿、祖堂等，是宗祠中供奉祖先牌位的场所，一般位于享堂之后，比享堂高出许多。寝堂以祭拜先祖为主，一般会在正中间摆放神龛，供奉先祖牌位，还有的寝堂会在上方悬挂族谱，放置桌子、香炉等祭祀用品。

兴隆村敦睦堂寝堂位于享堂之后，正中上方悬挂“明迁始祖”匾额，下方摆放木质供案，安放祖先牌位。解氏宗祠寝堂上方悬挂“乐善好施”匾额，廊柱上刻有楹联。进门之后正中悬挂“滋阳分派”匾额，下方供奉祖先牌位。（图 4-31、图 4-32）

荻浦村申屠氏宗祠的寝堂是开放式，和享堂之间有连廊，构成工字殿形式。深澳村申屠氏宗祠寝堂比享堂高出很多，堂内木案上摆放祖先牌位。（图 4-33、图 4-34）

图 4-31　敦睦堂寝堂（作者自摄）

图 4-32　葛村解氏宗祠寝堂（作者自摄）

图 4-33　荻浦村申屠氏宗祠寝堂（作者自摄）

图 4-34　深澳村申屠氏宗祠寝堂（作者自摄）

（二）附属构成元素

江南水乡传统村落祠堂建筑附属构成元素包括厢房、戏台、水池、照壁、旗杆等。

1. 厢房

江南水乡传统村落一些祠堂建筑会在院落两边设置厢房，主要是放置祭祀的器具用品。

有的祠堂会在门厅和享堂之间设置厢房，如新叶村西山祠堂厢房设置于一进和二进之间，分别位于两侧，面阔七间，进深三柱两间。（图 4-35）有的祠堂会将厢房作为展览室，摆放一些书法、字画作品或者宗族名人事迹等。兴隆村敦睦堂的厢房被用作仿古名画展览室，以供参观。柳茹村贡氏宗祠在厢房中设置宗族名人事迹展览，以供族人学习和参观。（图 4-36、图 4-37）

有的祠堂会设置连廊过道，如儒里村朱氏宗祠、明月湾村邓氏宗祠等（图 4-38、图 4-39）有的祠堂过道除了作为通道使用，还作为厢房使用，具有展览功能。东村徐氏宗祠在过道里张贴徐氏族人的图文介绍，宣传徐氏宗族的优秀事迹。（图 4-40）

图 4-35　新叶村西山祠堂厢房（作者自摄）

图 4-36　兴隆村敦睦堂厢房（作者自摄）

图 4-37　柳茹村贡氏宗祠厢房（作者自摄）

图 4-38　明月湾邓氏宗祠过道（作者自摄）

图 4-39　儒里朱氏宗祠过道(作者自摄)

图 4-40　东村徐氏宗祠过道(作者自摄)

2. 戏台

由于江南地区传统村落民间重视戏曲，为了增进宗族之间凝聚力，不少宗祠建有戏台，在举行祭祀、议事、婚嫁等事宜时往往会邀请戏班来宗祠表演。戏台作为演戏的场所，一般会设置在门厅处，和享堂相对，便于族人观看表演。有的规制较大的祠堂如和凤诸氏宗祠将戏台建于门厅二层，族人在院落之中观看。

杭州地区戏曲较为流行，很多祠堂建有戏台，一般都是将戏台建在门厅，对面为享堂，前面有天井，左右有厢廊，便于村民利用天井、享堂以及厢廊的宽敞空间观看。新叶村祠堂中有序堂、旋庆堂、荣寿堂、崇仁堂分别设置了戏台，有序堂戏台位于祠堂门厅明间之内，戏台由四根柱子支撑，正前方为天井，面积较大，可以容纳更多族人。上吴方村方正堂戏台位于明间内，木质结构，正上方悬挂匾额。此外江南水乡传统村落中还有茆坪村胡氏宗祠、李村植本堂、岩桥村王氏宗祠、石泉村吴氏宗祠、石岭叶氏宗祠等祠堂都设置了戏台。（图 4-41、图 4-42）

图 4-41　新叶村有序堂戏台(作者自摄)

图 4-42　上吴方村方正堂戏台(作者自摄)

3. 照壁

照壁也称为影壁，形式上分为“一字形”和“八字形”。照壁一般位于祠堂对面，也有的祠堂会在院落内设置照壁。大门外照壁的作用主要是遮挡视线，防止其他建筑物挡住祠堂景观。另外从风水学角度来看，人们认为照壁可以挡风避煞。祠堂内部照壁用来划分祠堂空间，区分不同建筑范围。

江南水乡传统村落礼制建筑中设置照壁的主要有儒里朱氏宗祠、柳茹村贡氏宗祠、东村徐氏宗祠、明月湾村黄氏宗祠、茆坪村胡氏宗祠、珠山村袁氏宗祠等。

儒里朱氏宗祠大门对面为照壁，照壁上有石刻壁画《儒里春秋图》，由九副小壁画组成，介绍儒里朱氏家族的发展历史。（图 4-43）　柳茹村贡氏宗祠在东边设有侧门出入，正南边没有大门，由于宗祠门厅悬挂御赐金匾，需要照壁遮挡。因此南院墙上设置了大照壁，刻有砖雕，上书“黎阳世家”，表明贡氏先祖为黎阳侯子贡。（图 4-44）

图 4-43　儒里村朱氏宗祠照壁(作者自摄)

图 4-44　柳茹村贡氏宗祠照壁(作者自摄)

东村徐氏宗祠以照壁为外墙，将其与周围建筑围合在一起，成为祠堂入口的前院，使照壁与祠堂门厅之间形成一个广场。照壁上有各种砖雕图案，造型独特。明月湾村黄氏宗祠对面建有照壁，照壁正中间为盘龙砖雕，形象栩栩如生。（图 4-45、图 4-46）

图 4-45　东村徐氏宗祠照壁(作者自摄)

图 4-46　明月湾村黄氏宗祠照壁(作者自摄)

4. 水池

水池一般位于祠堂正前方，人工挖掘而成，一方面可以满足祠堂背山面水的条件，另一方面还可以作为消防水池。江南水乡传统村落祠堂的水池多为方形、半月形、不规则形等，有的声名显赫的宗族会在祠堂的水池上建有桥梁和亭榭等。

兴隆村敦睦堂正前方为水池，呈长方形，池塘为石驳岸。明月湾村邓氏宗祠门前建有大水池，形状为椭圆形，设有石桥和驳岸，与千年古樟树和周围民居形成独特的风景。（图 4-47、图 4-48）

图 4-47　敦睦堂水池(作者自摄)

图 4-48　明月湾村邓氏宗祠水池(作者自摄)

一些传统村落的祠堂会在门前设置半月形水池，寓意钱谷丰盈。如环溪村周氏宗祠、深澳村申屠氏宗祠、徐畈村申屠氏宗祠等。环溪村周氏宗祠水池为半月形，四周树木成荫。深澳村申屠氏宗祠门前大水池呈半月形，位于村口处，是深澳村门面的象征，预示着宗族的兴盛。徐畈村申屠氏宗祠水池为半月形，四周有栏杆。上吴方村方正堂位于村落中心，祠堂前面建有水塘，为半月形。（图 4-49、图 4-50、图 4-51、图 4-52）

图 4-49　环溪村周氏宗祠水池(作者自摄)

图 4-50　深澳村申屠氏宗祠水池(作者自摄)

图 4-51　徐畈村申屠氏宗祠水池
（作者自摄）

图 4-52　上吴方村方正堂水池
（作者自摄）

新叶村原有水塘七个，按照北斗七星位置排列，分布在村落建筑周边。村里最大的水塘是南塘，位于有序堂、永锡堂之前，为半月形，荣寿堂前水池为矩形，崇仁堂前面为半月形，西山祠堂前水塘为椭圆形。（图 4-53、图 4-54）

图 4-53　新叶村有序堂大水池
（作者自摄）

图 4-54　新叶村崇仁堂水池
（作者自摄）

5. 旗杆

明清时期参加科举考试，取得举人进士等功名，官府不仅授予爵禄，还赐予旗帜，竖立在精工建造的石夹上，其作用有二；一是考取一定功名后，社会地位提高，花钱竖立旗杆可以光耀门楣；二是旗杆竖立后，作为后人学习榜样，激励后人积极进取。①

旗杆在江南水乡传统村落中比较常见，一般是竖立在门厅前广场两侧，不同村落祠堂的旗杆形状不同。从现存江南水乡传统村落祠堂的旗杆看，高度在

① 邵建东. 浙中地区传统宗祠研究[M]. 杭州：浙江大学出版社，2011.

十米左右，上面为斗状，下面为方形、多边形基座。旗杆材质有石质和木质两种，很多祠堂旗杆是竖立在旗杆石上。这些旗杆石多在杭州传统村落祠堂见到，如环溪村周氏宗祠、荻浦村申屠氏宗祠、深澳村申屠氏宗祠、新叶村有序堂等。柳茹村贡氏宗祠旗杆立于石墩之上，旗杆顶上为龙头，造型精致。荻浦村申屠氏宗祠和深澳村宗祠的旗杆上方有四方斗，表明族人考取功名，体现申屠氏家族耕读传家，注重儒学的传统理念。新叶村有序堂前四根旗杆竖立在石墩上，旗杆为金属材质，上方有四方斗。环溪村周氏宗祠门前一对旗杆为木质，上方挂有两面“周”字旗帜，下方旗杆石高约一米，上面刻有题字。（图 4-55、图 4-56、图 4-57、图 4-58、图 4-59、图 4-60）

图 4-55　柳茹村贡氏宗祠旗杆（作者自摄）

图 4-56　荻浦村申屠氏宗祠旗杆（作者自摄）

图 4-57　深澳村申屠氏宗祠旗杆（作者自摄）

图 4-58　新叶村有序堂旗杆（作者自摄）

图 4-59　环溪村周氏宗祠旗杆
（作者自摄）

图 4-60　徐畈村徐氏宗祠旗杆
（作者自摄）

四、江南水乡传统村落礼制建筑形态特征

礼制建筑作为祭祀场所，体现着不同时期的礼制文化，受到地域文化和传统形制的影响，形成了独具特色的建筑形态特征，江南水乡传统村落礼制建筑形态主要包括台基、地面、构架、屋顶、山墙等方面。

（一）台基

江南水乡传统村落礼制建筑多为普通台基，由台明、台阶等组成。台明以平台式为主，台阶一般是用石头或砖头砌成，放置于台基和室外地面之间，方便出入。台阶数量一般为奇数，三级台阶居多，少数为五级或七级，台阶有如意踏跺、垂带踏跺等形式。有的祠堂台基设有台明、台阶和栏杆，如葛村解氏宗祠正厅外面设置石质栏杆，台阶为三级如意踏跺。荻浦村和深澳村申屠氏宗祠寝堂台基最高，寝堂台阶均为五级垂带踏跺。

苏州西山传统村落位于太湖之滨，雨水较多，因此对礼制建筑的防潮性能要求很高。西山明月湾村的黄氏宗祠、邓氏宗祠、秦氏宗祠台明较高，一般在四五十厘米左右，石头砌成，可以有效地起到防水防潮作用。黄氏宗祠大门入口处的台阶为七级垂带踏跺，享堂为七级垂带踏跺。邓氏宗祠大门入口处的台阶为七级垂带踏跺，第一进门楼的台阶为三级如意踏跺，享堂台阶为五级垂带踏跺，寝堂台阶为三级垂带踏跺。秦氏宗祠大门入口处的台阶为七级垂带踏跺，正厅台阶为三级垂带踏跺。（图 4-61、图 4-62、图 4-63、图 4-64、图 4-65）

图 4-61　明月湾村黄氏宗祠台基组图(作者自摄)

图 4-62　明月湾村邓氏宗祠台基组图(作者自摄)

图 4-63　明月湾村秦氏宗祠台基组图
(作者自摄)

图 4-64　葛村解氏宗祠台基
(作者自摄)

图 4-65　荻浦村、深澳村申屠氏宗祠寝堂台基(作者自摄)

（二）地面

江南水乡传统村落礼制建筑地面做法和民居建筑基本相同，室外和室内所用材料各不相同，一般为方砖、条石，少数祠堂的地面是采用鹅卵石和木头等材料铺砌。

兴隆村敦睦堂地面采用砖、石材料，大门前广场为砖头铺砌，条砖十字缝排砖方式，祠堂院落道路及室内采用石头铺砌，条石平铺。(图 4-66)

图 4-66　敦睦堂地面组图(作者自摄)

东村徐氏宗祠门前广场地面由方砖和条石铺砌而成，中间为条石，两边为方砖。院落地面也是以方砖和条石搭配，错落有致，室内地面用方砖铺砌。(图 4-67)

图 4-67　东村徐氏宗祠地面组图(作者自摄)

荻浦村申屠氏宗祠门前有约二百平方米广场,地面用鹅卵石铺砌,营造一种庄严肃穆的气氛,也彰显宗族的崇高地位。深澳村申屠氏宗祠门前广场采用了鹅卵石铺砌的形式,两条鹅卵石铺砌的地面位于泮池和石桥两侧,形成层次分明的空间感,突出祠堂的地位。(图 4-68、图 4-69)

图 4-68　荻浦村申屠氏宗祠门前广场地面(作者自摄)

图 4-69　深澳村申屠氏宗祠门前广场地面(作者自摄)

(三) 构架

1. 构架特征

(1) 柱子

江南水乡传统村落礼制建筑的柱子形状分为圆形、方形等,以木质和石质为主。苏州、南京、无锡、常州、镇江等苏南传统村落礼制建筑多采用木质或石质圆形柱子，柱子上一般会进行雕刻和彩绘，有的柱子刻有楹联。大多数祠堂柱子多用在屋内，与梁枋连接在一起，起到支撑作用。（图 4-70）有的祠堂在正厅使用了名贵木材楠木作为梁柱，如明月湾村黄氏宗祠、三和村周氏宗祠、兴隆村敦睦堂等。（图 4-71）

图 4-70　东村徐氏宗祠柱子组图(作者自摄)

图 4-71　三和村周氏宗祠柱子组图(作者自摄)

杭州地区的大多数祠堂建筑第一进为二柱、三柱、四柱，第二进和第三进多为四柱。柱子有圆形柱子和方形柱子两种，柱子材质多为石质。如荻浦村申屠氏宗祠、深澳村申屠氏宗祠、徐畈村申屠氏宗祠、徐畈村朱氏宗祠、环溪村周氏宗祠、新叶村有序堂、新叶村崇仁堂、新叶村西山祠堂、上吴方村方正堂等。

荻浦村申屠氏宗祠第一进门厅柱子为石质方形柱和圆形柱，二进享堂明间有六根石质柱子，二进和三进之间的轩廊为方形石质柱子。新叶村西山祠堂由门厅、中厅、香火堂和东西厢房组成，门厅为三柱，中厅和香火堂为四柱。（图4-72、图4-73）

图 4-72　荻浦村申屠氏宗祠组图(作者自摄)

图 4-73　新叶村西山祠堂柱子组图(作者自摄)

（2）柱础

柱础是用来支撑柱子的，可以承受柱子重量和防止柱子受潮。江南水乡传统村落礼制建筑柱子底端的柱础一般使用石头制作而成，柱础形式多样，以鼓形、覆盆形、覆斗形、几何形为主。（图 4-74）　一些传统村落礼制建筑柱础图案采用浮雕、平雕等雕刻艺术，内容形式多样，主要有动物、植物、几何等图案，提升了构件的整体美感。（图 4-75）

图 4-74　江南水乡传统村落礼制建筑柱础组图一(作者自摄)

图 4-75　江南水乡传统村落礼制建筑柱础组图二(作者自摄)

(3) 斗栱

江南水乡传统村落礼制建筑斗栱也被称为牌科,有丁字科、十字科等形式。斗栱是位于室外屋檐下柱梁之间、室内上下层梁架之间和楼房廊庑座之下,由几种不同的栱件层层垒叠而成的承重积木架,基本栱件组成有五种:斗、栱、翘、昂、升。[①]

苏州传统村落礼制建筑斗栱形态各异,造型独特,斗栱上面雕刻造型各异,图案精美绝伦,充分体现了香山帮精湛的雕刻技艺。东村徐氏宗祠门厅斗栱为十字牌科,枫栱较大,上面透雕花纹,显示出建筑构件的精美华贵。明月湾村黄氏宗祠、邓氏宗祠、秦氏宗祠均使用了斗栱,用以装饰祠堂门厅。(图 4-76、图 4-77、图 4-78、图 4-79)

苏州吴中区杨湾村轩辕宫正殿为元代建筑,斗栱造型精致巧妙,形状各异,完整保存了元代制作手法。衙甪里村禹王庙门楼有精美的斗栱,采用了多种手法,造型精美。(图 4-80、图 4-81)

杭州传统村落礼制建筑也使用了斗栱,如荻浦村申屠氏宗祠二进和三进之间的过道上方有十字科斗栱,环溪村周氏宗祠门厅上方廊檐下使用了斗栱。(图 4-82、图 4-83)

图 4-76　东村徐氏宗祠门厅斗栱(作者自摄)

① 苏州市住房和城乡建设局. 苏州历史建筑建造技艺[M]. 上海:文汇出版社,2022.

图 4-77　明月湾村黄氏宗祠门厅斗栱(作者自摄)

图 4-78　明月湾村邓氏宗祠门厅斗栱(作者自摄)

图 4-79　明月湾村秦氏宗祠门厅斗栱(作者自摄)

图 4-80　杨湾村轩辕宫正殿斗栱组图(作者自摄)

图 4-81　衙角里村禹王庙门楼斗栱组图(作者自摄)

图 4-82　荻浦村申屠氏宗祠斗栱(作者自摄)

图 4-83　环溪村周氏宗祠斗栱(作者自摄)

2. 构架类型

礼制建筑受到封建礼制秩序的影响,木构架的建造形式遵循着封建礼教规范。江南水乡传统村落礼制建筑构架形式多样,主要分为抬梁式、穿斗式以及抬梁穿斗混合结构。

抬梁式是由柱子支撑梁架,梁架承接檩条,构成层式梁架结构。穿斗式是用穿枋串联柱子,柱子承接檩条,构成整体的框架结构。抬梁式和穿斗式构架在江南水乡传统村落礼制建筑中较为常见,如明月湾村黄氏宗祠、三和村周氏宗祠、儒里村朱氏宗祠等。(图 4-84、图 4-85、图 4-86)

穿斗式和抬梁式混合结构是将二者混合在一起使用,这种结构不仅可以满足空间需求,还可以充分发挥两种构架的性能。如荻浦村申屠氏宗祠、荻浦村江家祠堂、徐畈村申屠氏宗祠、环溪村周氏宗祠、彰坞村章氏祠堂、新叶村有序堂等。(图 4-87、图 4-88、图 4-89)

图 4-84　明月湾村黄氏宗祠构架组图(作者自摄)

图 4-85　三和村周氏宗祠构架组图(作者自摄)

图 4-86　儒里村朱氏宗祠构架组图(作者自摄)

图 4-87　荻浦村申屠氏宗祠构架组图(作者自摄)

图 4-88　徐畈村申屠氏宗祠构架组图(作者自摄)

图 4-89　新叶村有序堂构架组图(作者自摄)

（三）屋顶

礼制建筑屋顶的造型体现着严格的等级制度，建造时需要符合礼制规定。江南水乡传统村落礼制建筑中使用歇山式屋顶的主要有苏州市吴中区东山镇杨湾村轩辕宫正殿、苏州市吴中区金庭镇衙角里村禹王庙等。(图 4-90、图 4-91)

个别宗祠因为特殊原因使用了歇山式屋顶，如淳安县汾口镇赤川口村余氏家厅。余氏家族在明朝出过几位进士，社会影响较大，因此宗祠余氏家厅的门厅使用了重檐歇山式屋顶。(图 4-92)硬山式屋顶在江南水乡传统村落礼制建筑中广泛使用，很多宗祠建筑的门厅、享堂、寝堂均采用硬山式屋顶。(图 4-93)

图 4-90　杨湾村轩辕宫正殿(作者自摄)

图 4-91　衙角里村禹王庙(作者自摄)

图 4-92　赤川口村余氏家厅(作者自摄)

图 4-93　柳茹村贡氏宗祠(作者自摄)

（四）山墙

山墙是礼制建筑两侧的墙体，江南水乡传统村落礼制建筑山墙造型独特、形式多样，根据形状分为硬山墙、屏风墙、观音兜山墙等。

硬山墙呈人字形，这种造型简洁实用，修建成本较低，在江南水乡传统村落礼制建筑中使用较多。如敦睦堂、柳茹村贡氏祠堂、葛村解氏宗祠、明月湾村邓氏宗祠等。(图 4-94、图 4-95、图 4-96、图 4-97)

屏风墙，也称为封火山墙、马头墙，它层层有序，错落有致，具有独特的形制特征，成为江南水乡传统村落代表性建筑元素，体现了独具江南地域文化特色的建筑艺术。江南水乡传统村落祠堂的屏风墙主要有两叠式和三叠式，在祠堂门厅、享堂、寝堂中广泛使用。

图 4-94 柳茹村贡氏祠堂山墙(作者自摄)

图 4-95 葛村解氏宗祠山墙(作者自摄)

图 4-96 明月湾村邓氏宗祠山墙(作者自摄)

图 4-97 明月湾秦氏宗祠山墙(作者自摄)

礼嘉王氏宗祠、杨溪村孝子祠、杨溪村郎氏宗祠、茆坪村胡氏宗祠、童家村何氏宗祠、晶桥刘氏宗祠、和凤诸氏宗祠、新叶村崇仁堂、明月湾村黄氏宗祠等礼制建筑使用了屏风墙。(图 4-98、图 4-99、图 4-100、图 4-101)

图 4-98 礼嘉王氏宗祠山墙(作者自摄)

图 4-99 明月湾村黄氏宗祠山墙(作者自摄)

图 4-100　新叶村崇仁堂山墙(作者自摄)

图 4-101　和凤诸氏宗祠山墙(作者自摄)

观音兜山墙在江南水乡传统村落礼制建筑中也有所使用，如环溪村周氏宗祠、荻浦村申屠氏宗祠、深澳村申屠氏宗祠、彰坞村徐氏祠堂、彰坞村章氏祠堂、石阜村方氏宗祠、梅蓉村郭侯王庙、陆巷村叶氏宗祠、三山村薛家祠堂、东村徐氏宗祠等。(图 4-102、图 4-103、图 4-104、图 4-105)

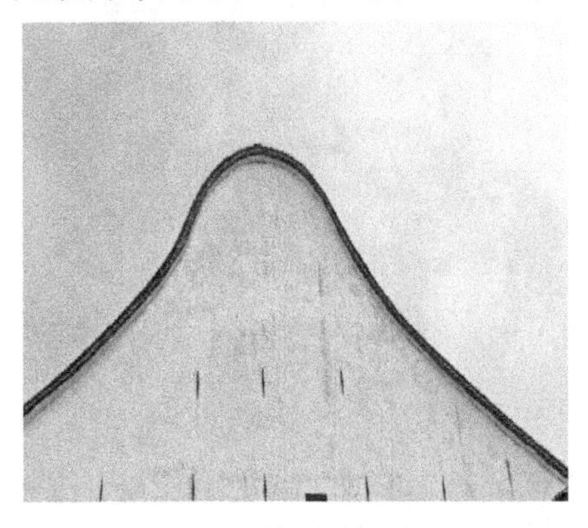

图 4-102　东村徐氏宗祠山墙(作者自摄)

图 4-103　梅蓉村郭侯王庙山墙(作者自摄)

图 4-104　荻浦村申屠氏宗祠山墙(作者自摄)

图 4-105　深澳村申屠氏宗祠山墙(作者自摄)

五、江南水乡传统村落礼制建筑的装饰艺术

封建礼教文化影响着礼制建筑的装饰艺术，遵循着礼制等级思想，礼制建筑在色彩、雕刻、门楣等方面以中和为准则，集中体现着建筑美学。以江南水乡传统村落礼制建筑的雕刻艺术、色彩艺术、匾额楹联、户牖艺术等装饰艺术为研究对象，探讨礼制文化与建筑艺术之间的和谐共生。

（一）雕刻艺术

江南水乡传统村落传统建筑呈现的雕刻技艺精湛，涌现出大批经典力作，如苏州西山和东山雕花楼，凝聚着东方美学的智慧，充分体现了江南独具特色的匠作技艺。江南水乡传统村落礼制建筑的雕刻艺术主要分为木雕、砖雕、石雕等。

1. 木雕

木雕在江南水乡传统村落礼制建筑中较为常见，一般用于梁、枋、门窗、牛腿、雀替、斗栱等位置的装饰。不同地方使用的雕刻手法各不相同，主要有圆雕、透雕、浮雕、平雕、镂雕等。木雕使用的木材多选用韧性大、强度高的楠木、香樟木等，雕刻的纹饰有动植物、山水人物、图案、几何图形等。

三和村周氏宗祠享堂拥有南京保存较好的木雕，充分展现了江南地区精湛的雕刻技艺。梁枋和木格门窗上使用了浮雕手法，雕刻精美的图案。祠堂横梁跨三间，梁枋上刻有麒麟、花草等图案，其中雕刻的葡萄图案寓意多子多福。木格门扇上雕刻“寿”字图案，五只蝙蝠环绕四周，寓意五福捧寿。（图 4-106、图 4-107、图 4-108）

图 4-106　三和村周氏宗祠享堂梁枋木雕组图一(作者自摄)

图 4-107　三和村周氏宗祠享堂梁枋木雕组图二(作者自摄)

图 4-108　三和村周氏宗祠享堂门扇木雕组图三(作者自摄)

苏州传统村落礼制建筑木雕艺术体现了香山帮的雕刻技艺,具有典型的地域特征,雕刻手法不同于其他地区。东村徐氏宗祠门厅保存较好的木雕,雕刻手法形式多样,主要使用平雕、透雕等。梁枋上雕刻精美,刻有戏文人物和动物花草图案。廊檐下保存有大量木雕,使用透雕手法,以人物戏文组合图案为主。(图 4-109、图 4-110)明月湾村黄氏宗祠门厅梁枋木雕雕刻精美,图案有龙凤、吉祥纹样等。享堂梁枋刻有花卉和云纹图案,棹木上刻有仙鹤图案,寓意着延年益寿。(图 4-111、图 4-112)

图 4-109　东村徐氏宗祠前厅木雕组图一(作者自摄)

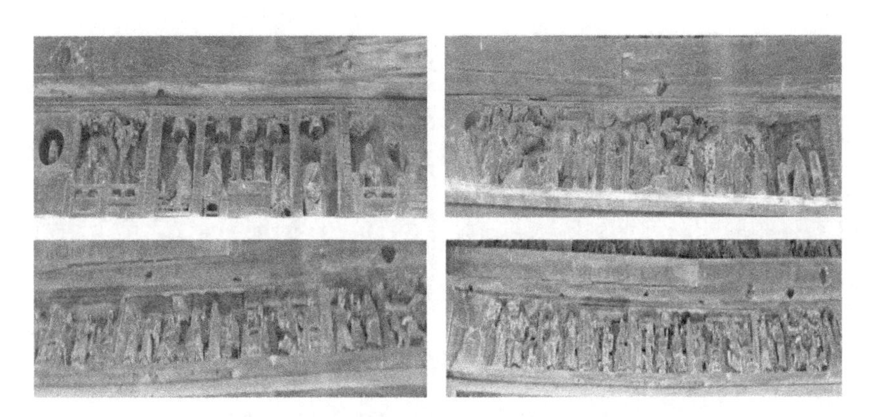

图 4-110　东村徐氏宗祠前厅木雕组图二(作者自摄)

图 4-111　明月湾村黄氏宗祠门厅木雕组图(作者自摄)

图 4-112　明月湾村黄氏宗祠享堂木雕组图(作者自摄)

杭州传统村落礼制建筑木雕艺术充分体现了东阳木雕技艺,很多宗祠的梁枋、斗栱、雀替、牛腿等位置使用了木雕。雕刻手法有浮雕、圆雕、镂雕等,整体雕刻线条流畅,图案生动,立体感强,以花卉、人物、瑞兽、吉祥等图案为主。

桐庐县深澳村申屠氏宗祠门厅、享堂、寝堂的梁枋、柱子、牛腿、雀替等位置都有精美绝伦的木雕,有人物、瑞兽、花卉、吉祥纹样等图案,使用圆雕和浮雕等手法。(图 4-113、图 4-114)

环溪村周氏宗祠木雕精美,门厅檐下双檩雕刻有丹凤朝阳图案,享堂明间前檐檩条上雕刻有双鹿和双龙戏珠图案,雕刻非常逼真。祠堂牛腿、雀替雕刻精美,均施以彩绘,以神话人物为主。(图 4-115、图 4-116)

图 4-113　深澳村申屠氏宗祠门厅木雕组图(作者自摄)

图 4-114　深澳村申屠氏宗祠享堂木雕组图(作者自摄)

图 4-115　环溪村周氏宗祠门厅木雕(作者自摄)

图 4-116　环溪村周氏宗祠牛腿、雀替组图(作者自摄)

建德新叶村有序堂作为叶氏总祠，整体建筑木雕内容丰富，色彩鲜明，祠堂梁枋、牛腿、戏台、雀替等位置均使用木雕技艺。有序堂各厅堂梁上均雕刻回字纹图案，象征着源远流长。戏台前方围栏上刻有花卉和神话人物图案，由三块不同图案组合而成，主要是回形纹及表达祝寿、团圆等寓意的图案，象征着平安多福、长寿无疆。有序堂牛腿、雀替图案形式各异，有麒麟、鹿等动物，有戏文人物，还有送子观音、寿星捧桃等，整体图案栩栩如生、生动鲜活。这些木雕艺术充分彰显着叶氏家族的实力，寓意着家族人丁兴旺和繁荣昌盛。(图 4-117、图 4-118、图 4-119、图 4-120)

建德上吴方村方正堂梁枋、牛腿、雀替等构件使用了木雕，戏台围栏上雕刻有图案，挂落上雕刻木雕。整体木雕图案以人物、花卉、树木、吉祥纹为主，寓意吉祥如意。(图 4-121、图 4-122)

图 4-117　新叶村有序堂梁枋木雕组图(作者自摄)

图 4-118　新叶村有序堂戏台围栏木雕组图(作者自摄)

图 4-119　新叶村有序堂牛腿、雀替组图一(作者自摄)

图 4-120　新叶村有序堂牛腿、雀替组图二(作者自摄)

图 4-121　上吴方村方正堂木雕组图一(作者自摄)

图 4-122　上吴方村方正堂木雕组图二(作者自摄)

2. 石雕

石雕在江南水乡传统村落礼制建筑中较为常见,一般出现在礼制建筑抱鼓石、石狮子、柱础、栏杆等建筑构件上,雕刻手法有浮雕、线雕、透雕、镂雕等。雕刻所用石料一般为青石,雕刻图案题材广泛,有花卉、人物、鸟兽、吉祥图案等。

抱鼓石是祠堂建筑的典型符号,象征着宗族的社会地位。是用于大门两边,起到装饰作用的圆形鼓状石质构件,抱鼓石两面雕刻各种图案,以吉祥图样和文字为主。

苏州传统村落祠堂建筑的抱鼓石一般位于门厅进门处,分立大门两侧。东村徐氏宗祠门厅进门处有一对抱鼓石,上面雕刻着云雾状和几何图案。明月湾村邓氏宗祠抱鼓石圆鼓上雕刻有如意旋涡纹,运用了浮雕手法。明月湾黄氏宗

祠抱鼓石两面雕刻的图案不同，内侧为双龙戏珠图案，外侧为圆形回形图案。(图 4-123、图 4-124、图 4-125)

镇江敦睦堂抱鼓石位于门厅通往二进的大门处，抱鼓石上方圆鼓上刻有麒麟图案，栩栩如生，下面砷座雕刻花卉图案，寓意着吉祥如意。儒里朱氏宗祠门厅大门两侧有圆形抱鼓石，上面圆鼓为麒麟图案，下方为花卉图案，二进门楼两侧有一对方形抱鼓石，上面刻着仙鹤图案。葛村解氏宗祠位于门厅内部，圆鼓上刻有三只麒麟，下方砷座刻有花纹。此外柳茹村贡氏宗祠、黄墟村殷氏宗祠等祠堂都在门厅设置了抱鼓石。(图 4-126、图 4-127、图 4-128)

图 4-123　东村徐氏宗祠抱鼓石组图(作者自摄)

图 4-124　明月湾村邓氏宗祠抱鼓石(作者自摄)

图 4-125　明月湾村黄氏宗祠抱鼓石组图(作者自摄)

图 4-126　敦睦堂抱鼓石组图(作者自摄)

图 4-127　儒里村朱氏宗祠抱鼓石

图 4-128　葛村解氏宗祠抱鼓石(作者自摄)

南京三和村周氏宗祠大门外侧的抱鼓石圆鼓上为麒麟头，两侧为荷花图案，碑座上刻有几何纹图案。(图 4-129)石山下刘氏宗祠大门两侧一对抱鼓石上刻着动物图案，形象逼真。

石狮也是江南水乡传统村落礼制建筑石雕艺术的一种形式，很多祠堂门前往往会有一对石狮，一方面用来镇邪驱恶，另一方面也显示出宗族的显赫地位。镇江儒里朱氏宗祠、敦睦堂在门厅大门两侧均有一对石狮，雕刻比较细致。葛村解氏宗祠正厅门前设置了栏杆，在栏杆上面雕刻众多小石狮。南京三和村周氏宗祠在门前放置一对石狮，体态较大，雕刻细致。苏州东村徐氏宗祠门前有一对石狮，形象逼真。明月湾村邓氏宗祠沿河围栏上面有石狮子，呈抱球姿势，造型优美，栏杆上雕刻精美的吉祥图案。(图 4-130、图 4-131、图 4-132、图 4-133、图 4-134)

图 4-129　三和村周氏宗祠抱鼓石(作者自摄)

图 4-130　儒里村朱氏宗祠石狮(作者自摄)

图 4-131　葛村解氏宗祠正厅门前栏杆石狮(作者自摄)

图 4-132　三和村周氏宗祠石狮(作者自摄)

图 4-133　东村徐氏宗祠石狮(作者自摄)

图 4-134　明月湾村邓氏宗祠石狮(作者自摄)

一些传统村落礼制建筑采用了石柱、石梁、石质牛腿等石质构件，会在上面雕刻图案。杭州荻浦村申屠氏宗祠门厅使用青石雕刻的石柱石梁，运用浅浮雕手法进行雕刻。檐柱上有石质牛腿，有石狮、石鹿图案，寓意着福寿禄。整体石雕作品雕刻线条流畅，古朴典雅。（图 4-135）

图 4-135　荻浦村申屠氏宗祠石雕组图（作者自摄）

桐庐深澳村申屠氏宗祠门前广场有一泮池，石栏杆围合两个半月形水池，中间为一座小型石桥。石栏杆上方柱头雕刻云彩图案，下方栏板上雕刻花卉图案，雕刻图案精美，使用了多种雕刻手法。（图 4-136）

图 4-136　深澳村申屠氏宗祠泮池组图（作者自摄）

有的礼制建筑会在门外设置人物雕塑，如三和村周氏宗祠大门外广场有周瑜石像，塑像雕刻手法精湛，人物刻画细腻，形象逼真。（图 4-137）　有的祠堂会在门前放置雕刻文字的花岗岩，如明月湾村邓氏宗祠门口放置一块“廉石”，上面刻有“世上穷官谁与比，罢官不见炊烟起”，以此体现廉吏暴式昭的廉洁品格。（图 4-138）

图 4-137　三和村周氏宗祠周瑜石像

图 4-138　明月湾村邓氏宗祠“廉石”

3. 砖雕

砖雕是江南水乡传统村落礼制建筑雕刻技艺中的重要组成部分，它是在砖上雕刻图案，雕刻手法有平雕、浅雕、浮雕、圆雕等。礼制建筑的砖雕一般作为外立面装饰，常常用于砖雕门楼、照壁、屋脊等位置，雕刻图案以戏文人物、花卉、吉兽、文字、吉祥纹等为主，用以寓意祈福平安。

砖雕门楼在苏南传统村落礼制建筑中较为常见，很多祠堂会在一进和二进或者二进和三进之间设置门楼，用以分隔不同空间，砖雕门楼整体建筑高大，雕刻图案精美。整体雕刻手法精妙，人物形象栩栩如生，具有极高的艺术价值。

苏州东村徐氏宗祠共有两处砖雕门楼，采用了圆雕、浮雕、透雕等雕刻手法。一进砖雕门楼正面的字牌刻有“湖山世泽”四个字，上枋和下枋为云纹图案，左右兜肚为花卉图案，一进门楼背面的字牌刻有“奉先思孝”四个字，上枋和下枋为人物故事图案，以拜寿祝福为主，左右兜肚为神话人物和松柏图案。二进砖雕门楼正面的字牌刻有“世德清芬”四个字，上枋和下枋为花卉图案，左右兜肚为吉祥图案，二进门楼背面的字牌刻有“佑启后人”四个字，上枋为神话人物，下枋为双龙戏珠，左右兜肚为小鹿图案。（图 4-139、图 4-140、图 4-141、图 4-142）

明月湾村邓氏宗祠共有两处门楼，均采用了圆雕、浮雕、透雕等雕刻手法。

一处为门厅和享堂之间的砖雕门楼，门楼的字牌刻有“五湖望族”四个字，四周为云雷纹图案，左右兜肚为神话人物图案，上枋为祥云和凤凰纹图案，下枋为水纹和龙纹图案。另一处门楼位于享堂的后立面，门楼的字牌刻有“先贤遗风”四个字，四周为云雷纹图案，左右兜肚为神话人物图案，上枋为几何纹和吉祥图案，下枋为竹子、水仙花、神仙祝寿等图案。（图 4-143、图 4-144）

明月湾村黄氏宗祠砖雕门楼位于门厅和享堂之间，门楼正面的字牌刻有“敬宗睦族”四个字，上枋和下枋为吉祥图案。门楼背面的字牌刻有“奉先思孝”四个字，四周为云雷纹图案，上枋为神话人物图案，下枋为云纹图案，左右兜肚为神话人物图案。门楼雕刻手法为浮雕、透雕、圆雕等，刻画形象生动逼真。（图 4-145）

图 4-139　东村徐氏宗祠一进砖雕门楼组图一（作者自摄）

图 4-140　东村徐氏宗祠一进砖雕门楼组图二（作者自摄）

图 4-141　东村徐氏宗祠二进门楼砖雕组图一(作者自摄)

图 4-142　东村徐氏宗祠二进砖雕门楼组图二(作者自摄)

图 4-143　明月湾村邓氏宗祠砖雕门楼组图一(作者自摄)

图 4-144　明月湾村邓氏宗祠砖雕门楼组图二(作者自摄)

图 4-145　明月湾村黄氏宗祠砖雕门楼组图(作者自摄)

镇江儒里村朱氏宗祠门厅和享堂之间有一座砖雕门楼，门楼正面的字牌刻有“紫阳世泽”四个字，四周为回形纹图案，左右兜肚为神话人物，上枋和下枋为花卉图案，门楣为祥云图案。相传朱熹出生前三日井内紫气升腾呈彩虹形状，为了纪念先祖朱熹，门楼背面的字牌刻有“虹井流芳”四个字。四周为回形纹图案，上枋为寿字和神话人物图案，下枋为人物、祝寿等图案，门楣为二龙戏珠和祥云图案。(图 4-146、图 4-147)

敦睦堂门厅为砖雕门楼，门楼的字牌刻有“光前裕后”四个字，左右兜肚为人物图案，上枋为神话人物和花草纹图案，下枋为灯笼、祥云、人物等图案。二进有砖雕门楼，门楼的字牌刻有“垂裕后昆”四个字，左右兜肚为神话人物图案，上枋为神话人物图案，下枋为福星、花卉树木、吉祥纹等图案，门楣为花卉吉祥图案。（图 4-148、图 4-149）

图 4-146　儒里村朱氏宗祠砖雕门楼组图一（作者自摄）

图 4-147　儒里村朱氏宗祠砖雕门楼组图二（作者自摄）

图 4-148　敦睦堂砖雕门楼组图一(作者自摄)

图 4-149　敦睦堂砖雕门楼组图二

(二) 色彩艺术

江南水乡传统村落礼制建筑的色彩形式多样,由于受到封建礼制文化影响,宗祠建筑多以白色、灰色、黑色为主要颜色,如青瓦白墙。而神祠如杨湾村轩辕宫正殿、衙角里村禹王庙等礼制建筑由于等级高,颜色有红色和黄色等。江南水乡传统村落礼制建筑的构架多以原色为主,有的祠堂建筑会在木构架上漆上红色或黑色。

江南水乡传统村落礼制建筑还采用了彩绘艺术来丰富色彩,彩绘一般用于梁枋、斗栱等木构件上，装饰图案多为花卉、树木、祥云、吉祥纹等，用以增强建筑的艺术美感。苏州东村徐氏宗祠是江南水乡传统村落礼制建筑中保存彩绘较多的祠堂建筑，祠堂门厅的梁枋和檩上布满彩画，大约有四十余幅，主要有红、蓝、白、金等颜色，整体彩画色彩亮丽，图案清新简洁，充分体现了香山帮精湛的技艺。(图 4-150)

杭州桐庐环溪村周氏宗祠木雕上使用了彩绘艺术，斗栱和牛腿也都使用彩绘。南京三和村周氏宗祠梁枋和雀替上采用彩绘艺术，色彩艳丽，凸显地域艺术特色。杭州桐庐梅蓉村郭侯王庙在木构件上采用彩绘，如梁托、牛腿、雀替等，颜色主要有红色、蓝色、绿色等，整体装饰艺术效果良好。

图 4-150　东村徐氏宗祠彩画组图(作者自摄)

(三) 匾额楹联

匾额是礼制建筑的重要构成元素，反映着礼制建筑的文化底蕴。祠堂匾额一是悬挂大门之上，标明祠堂姓氏名称；二是悬挂在正厅之上，标示堂号；三是悬挂在梁架之上，彰显功名。祠堂匾额文字一般请书法名家或者德高望重的宗族名人书写，楹联一般是挂在祠堂柱子上，不同位置的楹联表达不同的内容。有的祠堂楹联是歌颂祖先的功绩，如镇江柳茹村贡氏宗祠寝堂楹联“明经洁行乐同道以弹冠，协志恢图匿岳孤于柳塘”。(图 4-151)有的祠堂楹联是教育后人要遵守家风家规，激励后人考取功名，如明月湾村黄氏宗祠享堂楹联“守古老

家风惟孝惟友，教后来恒业曰读曰耕”。（图 4-152）

图 4-151　柳茹村贡氏宗祠寝堂楹联（作者自摄）

图 4-152　明月湾村黄氏宗祠享堂楹联（作者自摄）

儒里朱氏宗祠门厅正中悬挂“朱氏宗祠”和“阙里世家”匾额，正厅中间悬挂“学达性天”“杏林泰斗”“兄弟博士”等匾额，两侧柱子上刻有楹联“数行仁义事，长存忠孝心”、“乾坤三阙里，古今两大成”。寝堂正中上方悬挂“闽婺同源”等匾额，柱子上刻有楹联两幅。（图 4-153）

图 4-153　儒里朱氏宗祠部分匾额及楹联组图（作者自摄）

葛村解氏宗祠门厅悬挂“解氏宗祠”匾额，进门上方悬挂“榜眼及第”匾额，正厅中央悬挂“奕世恩荣”，四周上方悬挂“彝伦攸叙”“南畿保障”“经魁”“会元”

“文魁”“联惟旧德之求，永征世家之好”等匾额，前沿两边立柱上挂有“姓氏肇河东竹帛书勋永垂燕翼，人文蔚江左簪缨从美世荷龙光”楹联，后方柱子上挂有“朝堂辅政一代两名臣铨部兵曹咸抱卿材绳祖武，贵闺输忠反年三谔士谏章议草之帖直道裕孙谋”楹联。寝堂大门上方悬挂“乐善好施”匾额，两边柱子上有楹联“溯晋大夫以始竹帛光华迄今久易星霜积德著衣冠甲第，由宋中叶而迁入文南此追昔咸膺诰俞流芳传公旦威曦”。正中悬挂“滋阳分派”匾额，下方两边柱子上有楹联。（图 4-154）

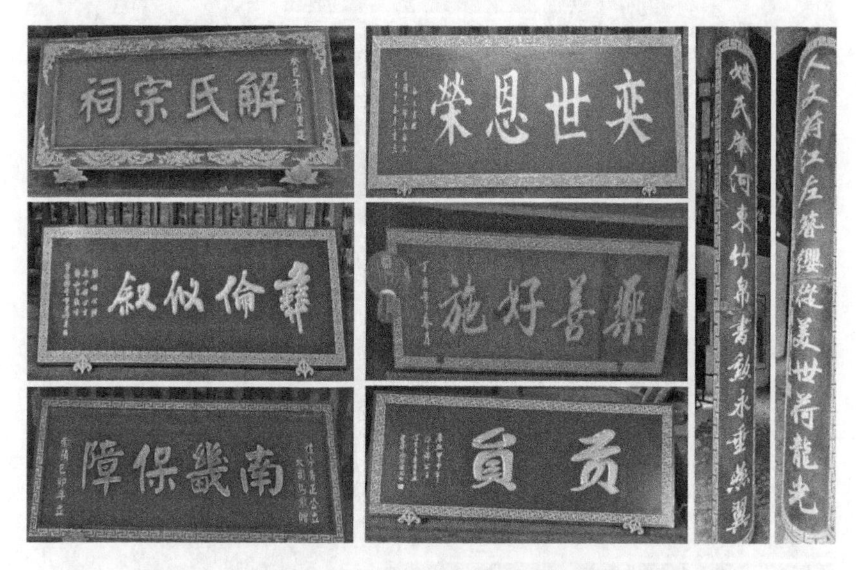

图 4-154　葛村解氏宗祠部分匾额及楹联组图(作者自摄)

敦睦堂门厅悬挂“张氏宗祠”匾额，进门之后两边柱子上悬挂“乔迁润东，源远流长”楹联，三道门上方悬挂“义门”匾额。享堂正中悬挂“敦睦堂”匾额，两侧柱子上楹联为“炎黄子孙功盖世，张氏儿女志超群”，堂内上方还悬挂“纯孝回天”“兄弟联镖”“格孝回天”“岁进士”“进士”等匾额。寝堂门廊两侧柱子上楹联为“美德长存天地中，英灵永垂宇宙间”，堂内正中悬挂“明迁始祖”，两边柱子上楹联为“守孝不知红日落，思亲常望白云飞”。（图 4-155）

杭州市桐庐县深澳村申屠氏宗祠匾额有二十余个，楹联近二十对。门厅悬挂“申屠氏宗祠”匾额，两边立柱上楹联为“汉庭垂勋在京兆，宋裔承辉到邑南”“祠前绿水歌宗德，堂后黄山颂祖功”。享堂正中悬挂“攸叙堂”匾额，两侧有“亚魁”“武魁”“文魁”“法官及第”等匾额，享堂两侧立柱上楹联有十余对，如“春秋报祖亲，耕读作家模”“廉直是家风，忠贞昭世德”“孝友传家远，读书处世长”等。寝堂门廊和堂内立柱上有楹联，表达对先祖的尊崇之情。（图 4-156）

图 4-155　敦睦堂部分匾额及楹联组图(作者自摄)

图 4-156　深澳村申屠氏宗祠部分匾额及楹联组图(作者自摄)

杭州市建德新叶村有序堂门廊上方悬挂“道峰会秀”匾额，后侧上方悬挂“国戚第”匾额，是明朝皇帝御赐的“龙凤直角圣匾”，表明叶氏宗族的尊崇地位。前厅上方悬挂“州司马”“法学士”匾额，戏台正上方悬挂“可以观”匾额，两边柱子上有一幅楹联。享堂正中间悬挂“有序堂”匾额，上方为“进士”匾额，两侧为“贡元”“副贡”匾额，内柱楹联为“系出湖岑古族，诗称柳许通家”。寝堂正中悬

挂“道学正传”匾额，上方为“功德无量”匾额，堂内立柱均有楹联，内容不尽相同，表达不同的寓意。（图 4-157）

图 4-157　新叶村有序堂部分匾额及楹联组图(作者自摄)

表 4-2　江南水乡传统村落部分礼制建筑匾额楹联一览表

祠堂名称	所在村落	匾额内容	楹联内容
朱氏宗祠	镇江市京口区姚桥镇儒里村	“阙里世家”“学达性天”“杏林泰斗”“兄弟博士”“闽婺同源”等	“数行仁义事，长存忠孝心”“乾坤三阙里，古今两大成”等
解氏宗祠	镇江市京口区丁岗镇葛村	“榜眼及第”“奕世恩荣”“彝伦攸叙”“南畿保障”“经魁”“会元”“文魁”“联惟旧德之求，永征世家之好”等	“姓氏肇河东竹帛书勋永垂燕翼，人文蔚江左簪缨从美世荷龙光”“朝堂辅政一代两名臣铨部兵曹咸抱卿材绳祖武，贵闺输忠反年三谔士谏章议草之帖直道裕孙谋”“溯晋大夫以始竹帛光华迄今久易星霜积德著衣冠甲第，由宋中叶而迁入文南此追昔咸膺诰命流芳传公旦威曦”等

续表

祠堂名称	所在村落	匾额内容	楹联内容
敦睦堂	镇江市京口区姚桥镇兴隆村	“义门”“敦睦堂”“纯孝回天”“兄弟联缥”“格孝回天”“岁进士”“进士”“明迁始祖”等	“乔迁润东，源远流长”“炎黄子孙功盖世，张氏儿女志超群”“美德长存天地中，英灵永垂宇宙间”“守孝不知红日落，思亲常望白云飞”等
深澳村申屠氏宗祠	杭州市桐庐县江南镇深澳村	“攸叙堂”“尊圣乐义”“亚魁”“武魁”“文魁”“法官及第”等	“汉庭垂勋在京兆，宋裔承辉到邑南”“祠前绿水歌宗德，堂后黄山颂祖功”“春秋报祖亲，耕读作家模”“廉直是家风，忠贞昭世德”“孝友传家远，读书处世长”等
有序堂	杭州市建德市大慈岩镇新叶村	“道峰会秀”“国戚第”“州司马”“法学士”“可以观”“有序堂”“进士”“贡元”“副贡”“道学正传”“功德无量”等	“系出湖岑古族，诗称柳许通家”“西山爽气妥先灵脉承华岳，北阙思光福后祠瑞兆文峰”等
周氏宗祠	南京市高淳区砖墙镇三和村	“世德清芬”等	“建业吴朝公瑾筑圩名相国，姻联宋室理宗赐地曰砖墙”等
邓氏宗祠	苏州市吴中区金庭镇明月湾村	“湖山并永”“五湖望族”“先贤遗风”等	“世上穷官谁与比，罢官不见炊烟起”“勤政爱民弘正气，扬清激浊倡廉风”“薄官不能一朝留，清风可以百世纪”等
黄氏宗祠	苏州市吴中区金庭镇明月湾村	“彝伦攸叙”“奉先思孝”等	“守古老家风惟孝惟友，教后来恒业曰读曰耕”“读书好耕田好学好便好，创业难守业难知难不难”等

（四）户牖艺术

礼制建筑门窗装饰具有独特的地域文化特色，体现了江南水乡传统村落户牖艺术的精妙。江南水乡传统村落礼制建筑有入口大门、厅堂门、厢房门等，这些门具有不同的用途，装饰艺术有所不同。

1. 入口大门

江南水乡传统村落礼制建筑入口大门大多为平开门，一般以木质门为主，用门簪加以固定。为了增强大门稳定性和防止过度磨损，有的大门会设置石门框。有的祠堂往往在大门下面设有门槛，用条石做成，象征着宗祠的崇高地位。

苏州传统村落礼制建筑如东村徐氏宗祠、明月湾村邓氏宗祠、明月湾村黄氏宗祠、明月湾村秦氏宗祠入口大门为木质四扇门，门上方设有门簪，门前有一对抱鼓石，明月湾村邓氏宗祠、黄氏宗祠、秦氏宗祠还设置了门槛。（图 4-158、

图 4-159、图 4-160、图 4-161）

镇江传统村落礼制建筑入口门多为木质门，门前一般设置一对抱鼓石。儒里村朱氏宗祠入口门为木质门，上方四个门簪以精美吉祥图案装饰，下面有石门槛，门前一对抱鼓石。（图 4-162）杭州传统村落礼制建筑入口门一般使用木质门，下面设置石门槛，有的会在门前设置一对抱鼓石。如环溪村周氏宗祠、深澳村申屠氏宗祠、新叶村西山祠堂（图 4-163、图 4-164、图 4-165）

图 4-158　东村徐氏宗祠入口大门（作者自摄）

图 4-159　明月湾村邓氏宗祠入口大门（作者自摄）

图 4-160　明月湾村黄氏宗祠入口大门（作者自摄）

图 4-161　明月湾村秦氏宗祠入口大门（作者自摄）

图 4-162　儒里朱氏宗祠入口大门
（作者自摄）

图 4-163　环溪村周氏宗祠入口大门
（作者自摄）

图 4-164　深澳村申屠氏宗祠入口大门
（作者自摄）

图 4-165　新叶村西山祠堂入口大门
（作者自摄）

2. 厅堂门

隔扇门在江南水乡传统村落礼制建筑厅堂门中使用较多，一方面是便于采光和通风，另一方面是为了装饰大门。这些隔扇门一般成对设置，如四扇、六扇、八扇等。门上一般会采用木雕雕刻各种图案，以人物故事、花卉树木、长寿多福、吉祥图文等为主，使用浮雕、浅雕等雕刻手法。

苏州传统村落礼制建筑如东村徐氏宗祠、明月湾村邓氏宗祠、明月湾村黄氏宗祠、明月湾村秦氏宗祠等宗祠的享堂、正厅等厅堂大门采用了木质隔扇门，门上木雕装饰图案为方格、几何图案等，整体古朴典雅。（图 4-166、图 4-167、图 4-168、图 4-169、图 4-170、图 4-171）

镇江儒里村朱氏宗祠、敦睦堂厅堂门采用了木质隔扇门，门上雕刻图案精美，有人物、花卉、几何等图案，美观大方。

图 4-166　东村徐氏宗祠厅堂门
（作者自摄）

图 4-167　明月湾村邓氏宗祠厅堂门
（作者自摄）

图 4-168　明月湾村黄氏宗祠厅堂门
（作者自摄）

图 4-169　明月湾村秦氏宗祠厅堂门
（作者自摄）

图 4-170　儒里村朱氏宗祠厅堂门
（作者自摄）

图 4-171　敦睦堂厅堂门
（作者自摄）

3. 窗

江南水乡传统村落礼制建筑中窗的类型主要有长窗、半窗、漏窗等，一般都是成对出现。窗的材质一般有木质、石质、砖瓦等。有的祠堂在隔扇门上设有窗便于透光透气，窗的木板上雕刻精美纹饰，有花鸟、人物等图案，使用浮雕、浅雕、圆雕等雕刻手法。

苏州东村徐氏宗祠、明月湾村邓氏宗祠、明月湾村黄氏宗祠、明月湾村秦氏宗祠，镇江儒里村朱氏宗祠、兴隆村敦睦堂、葛村解氏宗祠等礼制建筑在厅堂使用的隔扇门窗大多为木质长窗，一般在厢房、过道等位置设置半窗，雕刻图案为吉祥、花草等纹饰。杭州桐庐县深澳村申屠氏宗祠在寝堂设置了隔扇门窗，窗上木雕图案为几何纹饰。（图 4-172、图 4-173、图 4-174、图 4-175）

图 4-172　儒里村朱氏宗祠窗户一（作者自摄）

图 4-173　儒里村朱氏宗祠窗户二（作者自摄）

图 4-174　明月湾村黄氏宗祠窗户（作者自摄）

图 4-175　深澳村申屠氏宗祠窗（作者自摄）

第二节　江南水乡传统村落礼制建筑营造习俗

一、营造团队

江南水乡传统村落礼制建筑由不同工种的工匠合作完成，需要一个科学合理的营造团队来管理。传统的营造团队一般由一个大师傅负责管理，根据礼制建筑的规模来组织人员。营造团队的人员构成分为木工、瓦工、油漆工、彩画工、泥塑工、木雕工、石雕工、砖雕工、假山工等工种。传统营造团队中的负责人大多为木匠，负责礼制建筑的设计和营造流程，其他工匠根据具体要求按照工序顺序进行施工。在建造礼制建筑时，不同工种之间相互协作，各司其职，共同完成整个建筑。

随着时代的发展，现代古建营造公司在传统营造团队的基础上发展起来，它在江南水乡传统村落礼制建筑营造中发挥着重要作用，这些公司拥有大量技艺娴熟、水平精湛的匠师，这些匠师中一部分是传统营造技艺传承人。有的传承人拥有自己的公司，组建独立的营造团队。以香山帮传统建筑营造技艺为例，一些传承人组建了自己的古建营造公司，如国家级传承人薛林根开办的苏州太湖古典园林建筑有限公司，省级传承人杨根兴开办的苏州蒯祥古建园林工程有限公司，省级传承人朱兴男开办的苏州思成古建园林工程有限公司等。

二、营造仪式

江南水乡传统村落礼制建筑营造过程中会举行相应的营造仪式，如选址、择日、破土、上梁等。

礼制建筑在选址上会请风水师现场踏勘，了解礼制建筑的自然环境等要素，依据背山面水、负阴抱阳的原则，选取合适的位置，再用罗盘来确定礼制建筑的朝向，一般选择坐北朝南的方位。礼制建筑开间数会选择奇数，三间、五间居多。

礼制建筑在营造过程中都会进行择日，在一些重要施工过程确定良辰吉日，如破土、上梁等。礼制建筑动工前会举行破土仪式，时间和方位都要由风水师测定，召集一些官宦乡绅参加仪式，举行祭祀活动，叩拜天地，祈求开工大吉。

上梁是礼制建筑重要的施工环节，一般会举行上梁仪式。上梁选择吉日举行，在外面放置桌子，摆放祭祀物品，祭拜神灵。香山帮的营造仪式较为隆重，其中上梁分为七个程序：贴彩、叉梁、安梁、登高、接宝、抛梁、发喜钿。[①] 上梁仪式结束后，会摆上梁酒席，宴请工匠和村民。

① 董菁菁. 香山帮传统建筑营造技艺研究[D]. 青岛理工大学，2014.

第五章　江南水乡传统村落礼制建筑营造技艺保护传承现状调查研究

通过研究江南水乡传统村落礼制建筑营造技艺的构成和特征，从历史价值、文化价值、艺术价值、社会价值、经济价值、教育价值等方面去分析价值内涵。对江南水乡传统村落礼制建筑营造技艺保护与传承现状及问题进行深入研究，了解江南水乡传统村落礼制建筑营造技艺保护与传承的方式，对营造技艺保护与传承的现状进行综合评价，总结成功经验，找出存在的问题，科学分析影响礼制建筑营造技艺保护传承的原因，提出解决问题的对策。

第一节　江南水乡传统村落礼制建筑营造技艺概述

一、江南水乡传统村落礼制建筑营造技艺概况

江南水乡传统礼制建筑营造技艺的构成有：香山帮传统建筑营造技艺、传统建筑营造技艺（桐庐传统建筑群营造技艺）。江苏省苏州市的香山帮传统建筑营造技艺是流传于江南地区的传统建筑技艺，分别于2006、2009年入选国家级非物质文化遗产和人类非物质文化遗产，香山帮杰出代表人物蒯祥在明朝时主持建造了北京故宫，近现代代表人物有“江南耆匠”“一代宗师”姚承祖，由其所著《营造法原》完整介绍了香山帮传统建筑营造技艺，被誉为“中国南方传统建筑唯一宝典”。

香山帮传统建筑营造技艺的匠作体系包括木作、水作、砖作、木雕、石雕、彩绘、叠石等，形成了独具江南地域特色的传统建筑营造技艺。香山帮传统建筑营造技艺目前拥有国家级非遗传承人陆耀祖、薛林根，省级非遗传承人顾建明、杨根兴、朱兴男、蒋云根等，市级非遗传承人张喜平、郁文贤、李建明、顾阿虎、孙小青等。（表5-1）

表 5-1　香山帮传统建筑营造技艺部分代表性传承人名单

姓名	工种	级别
陆耀祖	木作	国家级
薛林根	瓦作	国家级
顾建明	木作	省级
杨根兴	瓦作	省级
朱兴男	瓦作	省级
蒋云根	木作	省级
张喜平	堆塑	市级
郁文贤	木作	市级
李建明	木作	市级
顾阿虎	木作	市级
孙小青	瓦作	市级

香山帮建筑结构独特、造型巧妙、装饰精美，具有鲜明的江南水乡地域文化特色。香山帮代表作品涵盖各个建筑类型，有拙政园、狮子林、网师园等园林建筑，有虎丘塔、灵岩寺等寺观建筑，有东山雕花楼、天官坊陆宅等民居建筑。

传统建筑营造技艺（桐庐传统建筑群营造技艺）指的是桐庐江南古村落建筑技艺，江南古村落由深澳村、荻浦村、徐畈村、环溪村组成，拥有独特的地下水系，具有独立的供水和排水系统，保留有大量的古建筑群，如荻浦村申屠氏宗祠、保庆堂，深澳古建筑群，环溪村爱莲堂等。桐庐传统建筑群营造技艺于2012 年入选浙江省级非遗传承项目，拥有省级非遗传承人申屠玉增，县级非遗传承人王根华、郑金标等。

二、江南水乡传统村落礼制建筑营造技艺特征

（一）技艺精湛

江南水乡传统村落礼制建筑营造技艺体现了匠师的技艺精湛，这不仅反映在建造用料上，还反映在建筑造型的美感上，通过传统技艺营造出独具特色的礼制建筑，实现礼制建筑功能与形式的完美融合。

一些礼制建筑很好的展现了匠师精湛的传统建筑营造技艺，苏州明月湾村黄氏宗祠是江南地区保存较好、规模较大的祠堂，在建筑选材上利用楠木等木材，木雕艺术展现得淋漓尽致，祠堂梁架上有抱梁云和雾山云等装饰构件，造型

生动，精致典雅，不失为香山帮传统建筑营造技艺的经典力作。

桐庐县荻浦村申屠氏祠堂建筑风格体现了匠师的精致技艺，使用青石打制柱拱、牛腿，制作巧妙，梁架雕刻为北方画梁风格。环溪村周氏宗祠则体现了彩绘艺术的精湛，堂内木雕形象生动，栩栩如生，牛腿、斗栱使用彩绘装饰，体现了精湛的桐庐传统建筑营造技艺。

江南水乡传统村落礼制建筑营造技艺追求建筑造型艺术的表达，运用多种技艺手法充分展现江南水乡传统村落礼制建筑的丰富性，是江南水乡礼制建筑美学的物质表达形式，符合江南水乡传统村落美学价值取向。

（二）门类齐全

江南水乡传统村落礼制建筑营造技艺门类的多样化，充分体现了不同地区建筑形式和风格的多元化。江南水乡传统村落礼制建筑营造技艺门类齐全，有木作、水作、石作、砖作、泥塑、彩绘、叠石等技术种类，与之相对的工种主要有木工、瓦工、油漆工、彩画工、泥塑工、木雕工、石雕工、砖雕工、假山工等，几乎涵盖了传统建筑行业的所有种类。

在建造礼制建筑时，不同工种之间相互协作，各司其职，共同完成整个建筑。礼制建筑建造使用工具也是种类齐全，木工工具要求较高，一般有斧、锯、刨等，瓦工负责礼制建筑屋顶和门窗建造以及地面铺设，涉及范围较广，使用工具较多。砌筑墙体一般使用泥刀，铺设地面会使用铲子，此外还需要使用水桶、箩筐等工具装水和料。由于砖头比较坚硬，普通砖作使用的工具一般是质地坚硬的金属制品，砖雕工使用钻子、凿子、砂轮等工具，方便雕刻细节。油漆工和假山工使用工具种类繁多，形式各样，有金属制品的刀、钳、锤等，有木质的板子、木棒等，还有喷壶、水桶等塑料制品。

（三）地域特色

江南水乡传统村落礼制建筑营造技艺具有独特的地域特色，在建筑风格、装饰艺术上均代表着当地的地域特色，充分显示江南水乡绚丽多彩的地域文化。

桐庐的一些祠堂如荻浦村、深澳村、徐畈村的申屠氏宗祠梁架采用穿斗抬梁混合式，采用观音兜山墙，牛腿雕有人物、花草、吉祥图案等，木雕制作精细，为典型的桐庐传统建筑群营造技艺，体现着桐庐悠久的历史文化和民俗文化。

苏州太湖西山和东山传统礼制建筑具有浓郁的水乡地域特色，一些礼制建筑沿着太湖水系建造，如禹王庙建造在太湖岸边，三山村薛家祠堂、吴妃祠建在三山岛，四周太湖环绕，体现着江南独特的水乡文化。东村徐家祠堂、明月湾村秦氏宗祠、吴氏宗祠、邓氏宗祠等礼制建筑以粉墙黛瓦为主，集中体现了江南地域的建筑风貌，体现着营造技艺的价值特色。厅堂中同时使用抬梁式和穿斗式两种梁架，保证了祠堂空间和结构的完整性。空间布局上以人为中心，遵循“天人合一”的建筑理念，充满浓郁的吴文化特色，祠堂木雕、砖雕、石雕精美巧妙，展示出香山帮运刀流畅、灵巧润厚的砖雕营造技艺。

三、江南水乡传统村落礼制建筑营造技艺价值分析

江南水乡传统村落礼制建筑营造技艺具有深厚的人文底蕴，主要从历史价值、文化价值、艺术价值、社会价值、教育价值等方面去分析。

（一）历史价值

江南水乡传统村落礼制建筑营造技艺是在特定的历史条件下形成和发展的，见证着江南水乡的发展历史，承载着厚重的历史信息。礼制建筑营造技艺凝聚着江南水乡人民智慧结晶，通过它们不仅可以了解不同历史时期江南水乡传统村落礼制文化的发展过程，还可以了解江南水乡人民生活面貌。

香山帮传统建筑营造技艺起源于吴文化，在历史长河在中形成和发展起来。明清时期江南经济得到了发展，香山帮工匠遍布全国各地，达到了鼎盛时期。这一时期苏州建造了大量园林建筑，如耦园、留园等，从香山帮发展历史可以了解苏州古典园林发展历史。香山帮工匠不断摸索实践，在长期的实践中完成了一系列经典力作，并形成了文献资料。这些文献资料凝聚着香山帮工匠的智慧，是研究香山帮传统建筑营造技艺发展历史的宝贵文献资料，通过这些文献资料，可以清晰了解香山帮历史发展脉络。桐庐传统建筑群营造技艺体现着桐庐江南古村落的建造风格，见证着村落发展历史。

（二）文化价值

江南水乡传统村落礼制建筑营造技艺是江南地区经济和社会发展的文化积淀，体现了江南水乡的文化特性，是一种活态的文化，是中华优秀传统文化重要组成部分。它承载着厚重的文化基因，蕴含着江南水乡地域文化内涵，体现着江南地域文化的发展轨迹，对研究江南水乡具有重要的文化价值。

江南水乡传统村落礼制建筑营造技艺是江南吴文化与其他文化相互融合发展而来的，具有开放性和包容性。礼制建筑所具有的礼制文化特性体现着儒家仁礼的理念，是吸收了中原儒家文化的精华形成的，丰富了礼制建筑营造技艺的文化内涵。江南水乡传统村落礼制建筑营造技艺一定程度上也体现着宗

族文化，具体体现在宗祠建造上，遵循传统的封建礼制，表现出强烈的宗族思想和观念。从新叶村的礼制建筑布局可以看出古代尊卑有序的宗族文化。

礼制建筑营造技艺具有独特的技艺特点和地域文化特色，作为非物质文化遗产，江南水乡传统村落礼制建筑营造技艺需要保护文化生态性和原真性，确保原生态文化氛围不被破坏，整体保护礼制建筑营造技艺所处的环境，将其与现代文化融合发展，实现传统建筑文化的文化价值，传承和弘扬传统建筑文化。

（三）艺术价值

江南水乡传统村落礼制建筑营造技艺不仅有建筑本体的形式美，还蕴含着丰富的功能美，体现着形式和内在的有机统一。礼制建筑营造技艺的艺术价值主要体现在通过建筑本体实现建筑功能，以精湛的技艺营造一个精致的建筑，实现建筑形式与功能的有机融合。

江南水乡传统村落礼制建筑体现着精湛的营造技艺，艺术价值主要体现着礼制建筑装饰艺术，运用木雕、砖雕、石雕、彩绘等技艺展现礼制建筑的艺术特色，注重礼制建筑的形式美，工匠使用各种雕刻工具创作，使得各种图案构成富有立体感的效果。南京周氏宗祠体现着精湛的木雕艺术，在正厅梁坊上雕刻有各种图案，部分地方使用彩绘，纹饰精彩多样，有麒麟、牡丹等，充分体现了当地精湛的装饰艺术。东村徐家祠堂体现着精湛的彩绘艺术，保存有四十余幅彩画，轩梁和前轩檩上绘有苏式彩画。彩画色彩艳丽，图案简洁明了，是江南地区保存较多的建筑彩绘。这些木雕和彩绘技艺充分展示工匠高超的技艺，具有独特的艺术价值，可以为从事装饰的艺术研究人员和收藏者提供参考借鉴。

（四）社会价值

江南水乡传统村落礼制建筑营造技艺和社会密切相关，体现着当时社会精湛的传统技艺，记录当时社会礼制建筑营造的发展水平，对于当时社会建筑业发展具有推动作用。

随着香山帮传统建筑营造技艺和桐庐传统建筑群营造技艺被列入非物质文化遗产保护名录，传统建筑营造技艺受到了社会各界的重点关注，大量学者开始从多个角度去研究礼制建筑营造技艺，将其与当时社会发展相联系，探究当时社会深层次的精神内涵，以期实现礼制建筑营造技艺的社会价值。

江南水乡传统村落礼制建筑营造技艺与社会发展和社会观念有着重要的联系，礼制建筑营造技艺体现着古代尊卑有序的礼制思想，蕴含的营造理念和礼制思想都是封建礼制社会需要遵守的准则，对于加强社会道德建设和提高工匠职业素养具有重要的社会价值。

礼制建筑营造技艺是众多工匠在长期的实践中形成和发展的，它在传承过程中通过师徒之间的亲手相授，体现着一种互动式、创造性的劳动方式，通过工匠掌握的技能进行发挥，向世人呈现礼制建筑营造技艺的博大精深。

（五）教育价值

江南水乡传统村落礼制建筑营造技艺蕴含着丰富的历史和文化知识，是重要的教育资源，利用营造技艺开展传统文化教育，让青少年从营造技艺中了解到优秀传统文化。

江南水乡传统村落礼制建筑营造技艺是工匠在长期实践中探索出来的，他们严格遵守技艺的要求，以认真严谨的工作态度来完成每个任务，通过高超的技艺来保证礼制建筑的高质量，在这一过程中形成了古代的工匠精神。工匠精神凝聚着工匠的价值理念、道德品行，是技艺和精神的融合，体现着刻苦钻研、精益求精、开拓创新的精神品质，这种精神是工匠道德操守的集中体现。将工匠精神融入到青少年思政教育中，培养他们的实践能力和技能水平，增强他们创新能力的培养，引导青少年形成良好的道德品行。将工匠精神融入到学生的专业课程，通过专业课程的学习，培养学生的职业素养，汲取工匠精神的养分，让他们在专业学习中体会到工匠精神的内涵，能够践行工匠精神，提升工匠精神的教育影响力。

第二节　江南水乡传统村落礼制建筑营造技艺保护与传承现状及问题

一、江南水乡传统村落礼制建筑营造技艺保护与传承现状

对于非物质文化遗产传承项目的保护，国家和地方制定了一系列保护传承制度。2011 年《中华人民共和国非物质文化遗产法》颁布实施，截至目前评选了五批国家级非遗项目。各地也制定了相关法律法规，开展非遗保护与传承工作。

江苏省于 2006 年制定出台《江苏省非物质文化遗产保护条例》。2022 年制定出台《关于进一步加强非物质文化遗产保护工作的实施意见》，提出要全面

实施非物质文化遗产传承发展工程。各地纷纷制定法律法规加强非遗项目保护传承，南京市 2016 年制定出台《南京市非物质文化遗产保护条例》；常州市 2017 年制定出台《常州市非物质文化遗产保护办法》，2018 年制定出台《常州市非物质文化遗产项目代表性传承人评估暂行办法》；镇江市 2017 年制定出台《镇江市非物质文化遗产项目代表性传承人条例》；无锡市 2009 年制定出台《无锡市历史文化遗产保护条例》；苏州市先后于 2013 年、2016 年、2018 年制定出台《苏州市非物质文化遗产保护条例》《苏州市濒危非物质文化遗产代表性项目保护办法》《苏州市非物质文化遗产生产性保护促进办法》。

浙江省 2007 年制定出台《浙江省非物质文化遗产保护条例》，2018 年制定出台《浙江省省级非物质文化遗产代表性项目管理办法（试行）》。杭州市 2021 年制定出台《杭州市市级非物质文化遗产代表性项目管理办法》，嘉兴市 2009 年制定出台《嘉兴市文化遗产保护办法》。（表 5-2）

表 5-2　非物质文化遗产项目保护法律法规及相关制度(部分)

层面	名称	时间
国家	中华人民共和国非物质文化遗产法	2011
省级	江苏省非物质文化遗产保护条例	2006
	浙江省非物质文化遗产保护条例	2007
市级	南京市非物质文化遗产保护条例	2016
	苏州市非物质文化遗产保护条例	2013
	苏州市濒危非物质文化遗产代表性项目保护办法	2016
	苏州市非物质文化遗产生产性保护促进办法	2018
	无锡市历史文化遗产保护条例	2009
	常州市非物质文化遗产保护办法	2017
	镇江市非物质文化遗产项目代表性传承人条例	2017
	杭州市市级非物质文化遗产代表性项目管理办法	2021
	嘉兴市文化遗产保护办法	2009

针对传统建筑营造技艺的保护与传承工作，各地也纷纷制定出台相关法规制度。2019 年，江苏省住建厅出台《关于实施传统建筑和园林营造技艺传承工程的意见》，对传统建筑和园林营造技艺进行保护，推动江苏省传统建筑和园林营造技艺更好地传承下来。2022 年出台的《关于在城乡建设中加强历史文化保护传承的实施意见》，提出探索建立传统营造匠师等制度。苏州市高度重视香山帮传统建筑营造技艺的保护与传承，2023 年专门出台《关于推动苏州市“香山帮”传统建筑营造技艺保护传承的实施意见》，全方位促进“香山帮”技艺

保护和传承。

二、江南水乡传统村落礼制建筑营造技艺保护与传承方式

（一）家族传承

家族传承在中国古代社会比较盛行，一般是在直系亲属之间进行传统技艺传授，继承者为有血缘关系的家族成员，大多是传男不传女，这种传承方式可以最大限度保证技艺传承稳定性，确保传承技艺的完整性，但是由于受到家族人数的影响，容易出现后继无人的情况，导致技艺失传。

对于江南水乡传统村落礼制建筑营造技艺来说，家族传承是基本的传承方式之一，很多匠师都是子承父业，跟随父辈学习传统建筑营造技艺，通过口传心授和心口相传，全面继承家族世代相传的技艺，成为通晓传统营造技艺的巧匠。

苏州香山帮传统建筑营造技艺有很多家族传承，这些家族在长期实践中形成了一整套完整的营造手法。一代宗匠姚承祖出身木匠世家，师从祖父和叔父学习木作，经过长期的探索和实践，总结出来江南地区的传统建筑营造，形成《营造法原》著作。香山帮传统建筑营造技艺国家级非遗传承人陆耀祖家族世代从事木作，他师从其父学习木作，得到了父辈的真传，在建筑营造技艺上造诣很深，主持建造了美国“兰苏园”和法国“湖心亭”。薛福鑫、薛林根、薛东为祖孙三代，其中薛福鑫、薛林根为国家级非遗传承人，薛家是通过家族相传的方式来传承技艺，父辈倾囊相授，有力地保证技艺传承的稳定性和有效性。

（二）师徒传承

师徒传承与家族传承不同，师徒之间凭借的是一种契约关系。师徒传承是通过拜师学艺的方式，在江南水乡传统村落礼制建筑营造技艺传承的过程中，一些经验丰富的老师傅会通过收徒将技艺传承下去，在教授徒弟传统营造技艺的过程中，师傅通过言传口述，亲自教授徒弟造园技艺，这种师徒传承方式在传统营造技艺传承中发挥了重要作用，培养了大批能工巧匠。

师徒传承方式在香山帮工匠中应用较为广泛，很多工匠会拜行内声望高、技术高超的人为师。师傅在收徒时会有一定条件，比如要求徒弟是熟人介绍，人品要好，能吃苦耐劳。一些师傅为了传授技艺，会挑选十三四岁的男孩为徒弟，邀请中保人作为担保，确保徒弟在学习期间不做违法的事情。双方签订协议，规定学习期限及处罚规定等。举行拜师仪式，徒弟要参拜祖师爷和师父，给师父送礼金。拜师后，徒弟要严格遵守师父教诲，尊敬师尊，遵守建筑行业的规

范。师父通过长期的考察，逐渐了解徒弟的品性和悟性，以言传身教的方式传授徒弟营造技艺，教会徒弟如何使用营造工具、如何选料、如何加工构件等技艺，徒弟在学习过程中通过自己的实践逐渐掌握技能。一般来说，出师需要三至五年，期满后，要举办谢师酒，感谢师父授艺之恩。徒弟出师之后，可以自己独立承接工程，成为独当一面的工匠。

（三）社会培训

随着古建筑行业的蓬勃发展，需要大量的工匠来完成工程，仅仅依靠师徒传承和家族传承来培养工匠就会造成人才不足，这就需要一种短期培训来培养技术人才。在传统建筑营造技艺传承过程中，很多工匠是通过社会培训来学习营造技艺。社会培训作为培养传统营造技艺人才的补充方式，通过学习专业知识和操作实践技能，开展多种形式的技艺交流活动，研究传统营造技艺，帮助工匠拓宽知识面，提高工匠的实践技能。

社会培训主要是由政府和行业协会来举办，一般是采用理论教学和实践操作相结合的方式，聘请高校和科研机构专家以及一些技艺高超的工匠授课，传授的知识较为广泛，意在提高工匠的理论水平和技艺水平。社会培训主要是面向传统建筑营造技艺的各个工种，包括木工、瓦工、雕工、油漆工、彩画工等。

社会培训具有不同于家族传承和师徒传承的特点，可以通过短期培训，让学习者掌握传统建筑营造技艺的基本技能，把理论知识和实践技能相融合，掌握传统建筑营造技艺的内涵。香山帮传统建筑营造技艺依托香山职业培训学校开展社会培训，主要面向古建筑所有工种开设初级工、中级工、高级工和技师培训班，聘请一些传承人和工匠参与授课，传授营造技艺专业知识，培养了一大批传统建筑营造技艺人才。

三、江南水乡传统村落礼制建筑营造技艺保护与传承存在的问题

（一）传承队伍建设薄弱，保护传承机制不够健全

稳定和专业的高素质传承队伍是礼制建筑营造技艺不断推陈出新的有力保证，只有建设一支强有力的传承队伍，才能确保礼制建筑营造技艺有效传承。

传承人和工匠整体传承队伍建设比较薄弱，没有形成合理的梯次。根据资料进行统计分析发现，香山帮传统建筑营造技艺各级传承人年龄偏大，平均年龄接近六十五岁，国家级和省级传承人中四人年龄在七十以上。桐庐传统建筑

群营造技艺省级传承人年龄在七十岁以上，其他级别传承人大多是六十多岁。很多传承人因为年事已高，已经不在一线从事操作工作，无法进行传统营造技艺的传承工作。

目前仍在一线工作的木工、瓦工、雕工等工种以五十岁以上的工匠为主，很少有二三十岁的年轻人。通过一些从业人员了解到，由于传统建筑行业工作辛苦，劳动强度较大，待遇偏低等原因，很多年轻人不愿意从事。尽管近年来通过职业培训等方式培养了一批工匠，但是由于培训人员多为初级和中级工，尚未熟练掌握传统营造技艺的操作技能，无法形成有效的传承人队伍。

传承机制不够健全，由于非遗传承人认定标准要求熟练掌握非遗项目技艺，具有一定的传承谱系。而传统建筑营造技艺由不同工种组成，各工种之间协力合作建造完成传统建筑。目前香山帮市级以上传承人以木工和瓦工居多，其他工种较少。一些小众化工种就很难获得认定，这些工匠难以跻身传承人队伍获得更好地发展，无法更好地传承技艺。此外师承谱系对于一些不是出身名师的工匠来说是一大障碍，尽管技艺精湛，但是却无法获得传承人认定。

（二）传承方式较为单一，尚未形成系统的培养模式

江南水乡传统村落礼制建筑营造技艺保护与传承是当前需要解决的重要问题，需要探索多样化的传承方式，培养具有现代教育理念和掌握精湛技艺的传承人，促进礼制建筑营造技艺得到更好的保护。

目前江南水乡传统村落礼制建筑营造技艺传承方式有师徒传承、家族传承、社会培训等，其中各级传承人大多是通过家族传承或者师徒传承，这些传承人具有高超的营造技艺，在传承营造技艺方面发挥着重要作用。

家族传承一般是在具有血缘关系的直系亲属之间，传承范围较小，此外一些家族有传男不传女的规定，一旦没有男丁继承衣钵，容易造成家族技艺失传，因此家族传承方式很难大范围地保护传承礼制建筑营造技艺。

师徒传承是民间传承技艺的方式之一，在中国古代社会技艺传承中发挥了重要作用。一些传承人年龄偏大，文化程度不高，只能依靠口口相传，学习者要具备较高的悟性，需要较长时间的学习才能出师，因此培养人才的效率比较低，无法适应社会对工匠人才的迫切需要。

社会培训不同于家族传承和师徒传承，它是通过职业学校进行培训，培养层次是初级工、中级工、高级工和技师，基本都是一线技术工种。由于社会培训只是短期培训班，学习者在较短时间内很难系统地学习到传统营造技艺的精髓，无法真正掌握营造技艺的核心。

家族传承、师徒传承、社会培训虽然在培养人才方面都发挥着作用，但是它

们都是独立运行的，三者之间没有搭建一个互通平台，不能将这些传承方式有机融合，形成科学和系统的人才培养方式。

（三）受到现代建筑元素冲击，造成传统营造技艺退化

由于传统礼制建筑受限于建筑结构和空间布局等因素，建造工期较长，无法满足现代社会需要。这就导致有的礼制建筑在修缮过程中使用新材料和新技术，对传统营造技艺构成了威胁。传统的礼制建筑大多是砖木结构，建造成本较高。由于当下木材原材料紧缺，一些礼制建筑使用了钢筋、水泥等现代建筑材料，将传统木结构更换成塑钢建材。营造礼制建筑需要很多传统营造工具，这些工具种类繁多，功能各不相同，在营造中发挥着重要作用。现在随着电锯、电钻、刨床等现代工具的出现，传统营造工具无人问津，很多工匠甚至不会使用这些传统工具，使用现代工具加工构件，大大缩短加工时间，简化了营造程序。

新型建筑材料和新型建筑技术的出现，大大提高了工作效率。在现代建筑材料和现代建筑技术的影响下，出现了一些仿古礼制建筑，这些建筑出于功能需要，随意设置礼制建筑的规模和形制，使用钢筋混凝土等现代建筑材料建造。建筑结构上使用现代工具加工传统样式，属于机械式照搬，不够灵活，缺少传统建筑的自然性。

在礼制建筑营造技艺传承过程中，师傅通过传统手艺进行传授，由于现代工具的使用，缩短了传授时间，学徒对营造工具不熟悉，会造成学徒基本功不扎实，造成传统营造技艺退化。

（四）活态保护传承相对不足，传统技艺活力有待激发

由于礼制建筑营造技艺的独特性，大多是建造单体建筑，很少进行大规模营造工程，使得传统营造技艺适用范围偏小，无法充分展现礼制建筑营造技艺的特色。礼制建筑营造技艺在保护传承过程中，活态保护传承相对不足，一些传统营造工艺、营造程序没有被活态传承下去，失去了原有的特色。一些营造工具被现代工具取代，失去了传统营造技艺的本真性。礼制建筑营造技艺中的传统习俗没有很好的展示，不能较好的体现其独特魅力。

礼制建筑营造技艺需要匠师去传承，他们是保护和传承的核心主体，由于受到经济条件限制，他们往往将此作为谋生手段，没有形成传承意识，也不懂得如何活态传承营造技艺。此外，受到现代文化和生活方式的影响，传承的文化场域有所改变，礼制建筑营造技艺传承的文化空间日趋消失。脱离原有文化氛围，匠师无法活态保护和传承营造技艺，不利于传统营造文化的传播。

江南水乡传统村落礼制建筑营造技艺需要活态保护和传承，将其放入原有的场域中去保护和传承，让营造技艺在真实的环境下焕发无限生机和蓬勃活力，让人们通过匠师传统营造技艺的展现来感受礼制建筑营造技艺的博大精深，从而扩大礼制建筑营造技艺的传承影响力，让人们参与到江南水乡传统村落礼制建筑营造技艺的保护中来。

（五）文旅融合程度不高，尚未形成非遗文化品牌

传统营造技艺保护需要旅游产业的支持，只有实现非遗和旅游产业融合发展，才能进一步提升传统营造技艺的知名度。要大力促进礼制建筑营造技艺与旅游融合发展，实现非遗的文旅融合，形成独特的非遗文化品牌。当下礼制建筑营造技艺主要以展示为主，没有开发营造文化与旅游融合的项目，开发利用模式创新性不足。

传统村落具有丰富的文化资源，是开发乡村文化旅游的重要基地。但是一些传统村落在开发乡村旅游的过程中缺少非遗元素，未能将其与礼制建筑营造技艺有效融合。礼制建筑营造技艺的宣传力度不够，不能吸引更多的游客，无法带动旅游产业发展。礼制建筑营造技艺相关的文化创意产品不够特色鲜明，未能充分体现其实用价值，未能彰显礼制文化特色。

传统营造技艺在开发过程中与之相关的旅游产品缺少服务体系，开展的传统营造技艺旅游项目内容较为单一，创新性不够，不能更好满足游客个性化需求。传统营造技艺非遗元素不能更好地融入旅游产业中，缺少非遗体验性项目，没有形成智慧旅游模式，游客无法体验真实的工作场景，尚未形成“浸入式”的旅游体验场景。

第六章 江南水乡传统村落礼制建筑营造技艺保护与传承策略研究

借鉴国内外传统营造技艺保护与传承的成功经验，从江南水乡传统村落礼制建筑营造技艺保护与传承的原则、模式等方面进行研究，在分析存在问题的基础上，提出江南水乡传统村落礼制建筑营造技艺保护与传承的对策建议。

第一节 江南水乡传统村落礼制建筑营造技艺保护与传承的原则

一、真实性原则

真实性原则是江南水乡传统村落礼制建筑营造技艺保护过程中需要遵守的重要原则，礼制建筑营造技艺是由匠师通过长期的实践传承下来的，凝聚着古代劳动人民的智慧。

礼制建筑营造技艺需要保持真实性，延续真实的工法和工艺流程，使之可以传承至今。营造活动需要建立在真实技艺基础上，通过匠师的精湛技艺完成，形成真实的营造空间。

作为礼制建筑营造技艺的传承载体，传承人的传承谱系需要保持真实性，确保传承的技艺真实有效。传承人在传授技艺时要把原汁原味的营造程序和工艺传承下去，要保持技艺传承的真实性，将传统营造技艺的精髓传授给徒弟，让礼制建筑营造技艺得以延续。

作为非遗的礼制建筑营造技艺不同于物质遗产，它强调的是文化的真实性。礼制建筑营造技艺与其文化性密切相关，是礼制文化在传统营造技艺上的真实体现，蕴含着丰富的礼制文化基因和礼制文化内涵。我们在传承过程中要保持礼制建筑营造技艺文化的真实性，发挥其文化属性，使得礼制建筑营造技艺在创新中有所发展。

二、整体性原则

坚持礼制建筑营造技艺的整体保护原则，既要保护本体，也要保护与之相关的自然、生态、文化等全要素。礼制建筑营造技艺既包含设计、建造、工艺、习俗等流程，也涵盖木作、瓦作、水作等工种，是一个不可分割的整体。礼制建筑在营造过程中需要选址布局、规划设计以及装饰装修，涉及到材料加工、工程施工、工序工法等流程，由不同工种进行分工协作，共同构成一个有机整体，体现着技和艺的整体性。

礼制建筑营造技艺在营造过程中还会涉及到建筑所处的自然环境以及文化空间，礼制建筑需要遵循礼制秩序来设计，为祭祀活动提供活动场所，营造技艺与礼制文化密切相关，构成了有机整体。对礼制建筑营造技艺的保护要打破有形和无形之间的界限，针对非遗的典型性特征进行整体性保护。

礼制建筑营造技艺是在原来的环境产生和发展的，在传承礼制建筑营造技艺时要保持技艺的整体性，传承的环境和技艺密不可分，需要将其放入完整的生态环境加以保护，关注营造文化与生态文化的保护，维持礼制文化活力，形成礼制建筑营造技艺传承的场域。

三、活态性原则

礼制建筑营造技艺作为非遗，具有代表性，是活着的非遗，需要坚持活态性保护原则。礼制建筑营造技艺是经过一代代工匠传承下来的，它虽然是无形的，但是一直延续至今，是在历史长河中形成和发展的，是活着的非遗。礼制建筑营造技艺经过师徒间的传承，生生不息，具有坚强的生命力，持续不断地发展演变，经过长期的传承过程，在传承中创新，形成独具特色的传统营造技艺。

活态性原则要求在保护礼制建筑营造技艺时要注重活态传承方式，不仅要保护技艺本体，还要保持技艺的活态传承，培育传统营造技艺活态传承空间。打破传统的传承方式，大力推进礼制建筑营造技艺数字化保护方式，采用多元化和多样化的保护途径，形成礼制建筑营造技艺的活态传承路径。加大传统营造技艺的活态传承，推进传统营造技艺进入校园进行推广宣传，吸引民众积极参与传统营造技艺的保护和传承工作，构建礼制建筑营造技艺活态传承的场域。

四、区域性原则

江南水乡传统村落礼制建筑营造技艺具有较强的地域性，它是在江南地区形成和发展起来的，是江南文化与传统营造文化融合发展的产物，体现着礼制文化的发展特征。

礼制建筑营造技艺扎根于江南文化土壤，蕴含着江南文化的特性，在空间上与江南文化融合，充分彰显江南文化的独特魅力。礼制建筑营造技艺在江南展示它的营造风格和传统工艺，具有江南独特的风格，需要从区域保护观点去传承礼制建筑营造技艺。礼制建筑营造技艺在江南地区发展过程中，形成了独特的技艺和精神内涵，一旦离开江南地区，就会失去保护传承的土壤。江南地区具有文化多样性，不同的文化融合发展，礼制建筑营造技艺在江南地区也体现着区域文化多样性。只有立足于江南，礼制建筑营造技艺才能得到充分的保护和传承，通过建立区域文化生态保护区来加强保护，在区域文化框架下传承礼制建筑营造技艺，认识到营造技艺与其所处环境相关的区域性，形成独特的区域文化观，这不仅可以保护礼制建筑营造技艺本体，还可以保护江南地区文化多样性。

五、可持续发展原则

江南水乡传统村落礼制建筑营造技艺保护和传承必须建立在可持续发展的前提下，做到有序保护，不去破坏礼制建筑营造技艺的自然和生态环境，做到礼制建筑营造技艺的合理开发。礼制建筑营造技艺作为非遗表现出脆弱的特性，在开发中如果得不到有效保护，容易带来不可逆转的毁坏。传承人在礼制建筑营造技艺保护过程中坚持可持续发展原则，尽量使用原有的传统营造工具去修建礼制建筑，保持原有的工艺流程，保证礼制建筑营造技艺可以持续焕发生机活力。

在开发利用礼制建筑营造技艺的过程中，需要坚持可持续发展原则，充分挖掘礼制文化和营造文化内涵，对其历史文化价值进行综合分析，研究制定合理的开发模式，坚持礼制建筑营造技艺的适度开发，不进行过度开发。在其传承过程中，要保留原有的文化内涵和非遗特色，充分挖掘礼制文化内涵，形成风格不同的旅游产品，展示精湛的礼制建筑营造技艺。

第二节　国内传统建筑营造技艺保护与传承工作经验总结

一、官式古建筑营造技艺

官式古建筑营造技艺（如北京故宫），又称“八大作”，分为土作、石作、搭材作、木作、瓦作、油作、彩画作、裱糊作，是在中国古建营造技术的基础上形成的一套完整的、具有严格形制的传统官式建筑施工技艺。[①]

故宫博物院专门成立修缮技艺部，下设修缮、技艺传承等机构，负责故宫日常维护和官式古建筑营造技艺研究工作，为故宫培养官式古建筑营造技艺人才。

故宫博物院多次开设官式古建筑营造技艺培训班，对故宫修缮的从业人员进行技艺培训，讲授官式古建筑营造技艺理论知识，通过动手操作培养实践技能。2016 年，养心殿研究性修复项目科研课题全面启动。通过课题引领，将大批优秀人才吸纳到官式古建筑营造技艺保护和传承队伍，有力推动故宫保护和官式古建筑营造技艺传承的双重发展。

二、中国木拱桥传统营造技艺

中国木拱桥传统营造技艺是中国传统木构桥梁技术的代表性传承项目，2009 年被列入《急需保护的非物质文化遗产名录》。这门技艺使用传统工具和技法，运用“编梁”技术，将木材以榫卯连接构筑稳固桥梁。

木拱桥主要分布在浙江省泰顺、景宁、庆元和福建省寿宁、屏南、政和、周宁等地区。浙江和福建开展联合申遗工作，在各方的努力下，浙江和福建 22 座木拱廊桥于 2012 年正式入选《中国世界文化遗产预备名单》。

浙江泰顺县 2020 年制定出台《温州市泰顺廊桥保护条例》，将木拱桥以及木拱桥传统营造技艺同时进行专项立法，以法律形式对传统营造技艺保护和传

① 官式古建筑营造技艺[EB/OL]. 故宫博物院网站 https://www.dpm.org.cn/topic/party_building/good/detail/255706.html.

承工作加以保障，规定建设传承基地，鼓励传承人开展木拱桥营造实践活动，在基地进行授徒、传艺等。

三、闽南传统民居营造技艺

闽南传统民居营造技艺流行于福建漳州、泉州、厦门等地区，是中原文化和闽南文化结合的产物，以“皇宫起”建筑为典型特色。2008年入选国家级非物质文化遗产名录，2009年被联合国教科文组织列入人类非物质文化遗产代表作名录。

为了保护和传承闽南传统民居营造技艺，2016年成立福建省古厝文化研究会，在此基础上成立省级非遗保护传习中心——闽南传统民居营造技艺(漳州)保护传习中心，所内展示各种木作构件、彩绘构件、石作构件等，开设有大师工作室，聘请传承人传艺，加强工匠培训，有力推动了闽南传统民居营造技艺的活态传承。

四、侗族木构建筑营造技艺

侗族木构建筑营造技艺以寨门、鼓楼、吊脚楼等为主要建筑形式，流行于广西三江侗族自治县。它是以杉木为原料，借助丈杆、竹签等传统工具制作柱、梁等木构件，通过榫卯连接形成的木结构建筑。2006年入选国家级非物质文化遗产名录。

侗族木构建筑营造技艺保护和传承工作得到了当地的重视，专门开设侗族木构建筑营造技艺传承人培训班，提高传承人的理论和实践水平。采用数字化保护手段，对侗族木构建筑营造技艺进行数字化，通过图像、录像等形式系统保护，制定出台的《三江侗族自治县申遗侗寨保护办法》中对侗族木构建筑营造技艺进行了专门保护，规定了保护和传承的具体措施。三江县建设侗族木构建筑营造技艺传习基地，通过文旅融合，构建“非遗＋旅游＋乡村振兴”模式，让传统营造技艺与乡村旅游产业有机结合，成为直观的活态文化。

五、客家土楼营造技艺

客家土楼营造技艺是福建龙岩地区的传统营造技艺，它是利用当地木材和生土等材料，通过多道工序建造土楼高层建筑，所建土楼以圆形为主，具有防御性强、坚固耐用等特点。2006年成为国家级非物质文化遗产。

为了保护和传承客家土楼营造技艺，建设了福建土楼博物馆，开设建筑文化展示馆、夯土技艺展示馆、非遗体验馆，通过展台、模型等多种形式介绍土楼营造技艺，传播传统建筑文化。

2023 年 3 月在福建龙岩、漳州举行客家土楼营造技艺闽台青年研学体验营，通过砌石地基研习、夯土技艺体验、土楼建筑空间测绘研习、土楼装饰艺术研习等一系列体验活动，让参与者全面了解客家土楼营造技艺的博大精深，加深对客家文化的认知。

六、窑洞营造技艺

窑洞营造技艺是山西、甘肃等地特有的传统营造技艺，它是利用黄土高原的自然条件，通过开凿和垒砌等手段建造的窑洞建筑，这种建筑具有冬暖夏凉的特点。2008 年入选国家级非物质文化遗产名录。

为了更好保护窑洞营造技艺，各地开展了一系列工作。甘肃庆阳市开展窑洞营造工匠调查摸底工作，共摸排到窑洞营造工匠六十多人。举办窑洞营造技艺研讨会，聘请传承人开设窑洞营造技艺讲座。设立窑洞营造技艺传习所、陇东窑洞民居文化传习所，加强窑洞民居文化保护和传承。

七、徽派传统民居营造技艺

徽派传统民居营造技艺是集合木雕、石雕、砖雕、彩画等艺术于一体的营造技艺，它通过不同工种的匠人搭配组合，运用传统营造工具施展营造技艺，具有典型的地域文化特色。同时入选国家级非物质文化遗产和人类非物质文化遗产名录。

黄山市在徽派传统民居营造技艺保护与传承方面做了一系列工作，取得了一定成效。制定出台《村落徽州徽派民居建设技术导则》，对徽派建筑营造程序和营造技艺进行指导。引入故宫博物院建设黄山徽派传统工艺工作站，打造高规格的徽派传统民居营造技艺学术研究平台。建设徽艺小镇，吸收传统营造技艺传承人进行技艺传习。通过文旅融合，开展研学旅游，举办系列活动来促进传统营造技艺活化利用。

第三节　江南水乡传统村落礼制建筑营造技艺保护与传承的模式

一、营造技艺主题博物馆

营造主题博物馆是借助于博物馆，对江南水乡传统村落礼制建筑营造技艺进行活态保护和传承，更好地挖掘传统营造文化的精华，激发传统营造技艺的活力，实现礼制建筑营造技艺的保护和传承。

营造主题博物馆不仅展示传统营造技艺相关的静态展品，还开展技艺传承人的动态展演活动，让观众在传承人的展演活动中充分了解礼制建筑营造技艺的形成和演变过程以及营造技艺的特点。根据传承人的工作方式调整活动次数，定期举行传统营造技艺比拼活动，由传承人指导观众进行技艺传承，让观众在参与中体验到传统营造技艺的独特魅力，促进传统营造技艺更好地发展。博物馆内举行传统营造技艺研讨会，邀请传统营造技艺传承人、工匠和高校学者一起参与交流传统营造技艺保护和传承，分享成功经验，促进相互之间的交流。

注重博物馆与公众之间的互动交流，根据公众的实际需求来安排不同形式的活动，采取线上线下结合方式，收集公众对礼制建筑营造技艺保护和传承的建议。整理和分析公众反馈信息，了解公众的兴趣爱好，通过调整展示品和展演活动，为公众营造一个良好的参观氛围，促进传统营造技艺的文化传播。

二、营造技艺数字博物馆

营造技艺博物馆是一种新型的保护和传承礼制建筑营造技艺的方式，通过现代计算机技术，将营造技艺以数字化形式进行保存，实现传统营造技艺的数字化保护和传承。

在营造技艺数字博物馆中，要充分利用三维扫描技术，根据搜集的江南水乡传统村落礼制建筑数据，制作虚拟模型和场景进行展示。对采集的数字化信息进行可视化呈现，让现代技术与传统技艺互动发展，推动传统营造技艺有效传承。

采用三维扫描技术对江南水乡传统村落礼制建筑进行信息采集，保持不同礼制建筑的建筑风格，如一些礼制建筑梁架采用了抬梁式和穿斗式，一些礼制建筑采用了抬梁穿斗混合式，对这些礼制建筑进行深入分析，结合营造特色进行分门别类，采用BIM技术进行建模。对于一些礼制建筑特色不同的雕刻技艺，可以采用数字图像和摄像相结合的采集方式，结合不同雕刻的象征意义进行分类，详尽记录礼制建筑营造技艺。对营造技艺传承人和工匠的技艺进行摄像记录保存，全过程的记录礼制建筑营造技艺，建立传统营造技艺数据库，通过虚拟仿真技术，活态记录传统营造技艺。

三、传统营造文化旅游区

传统营造文化旅游区是将传统营造技艺与旅游开发有机融合，结合当地自然资源、历史遗存、民俗文化等资源，融入传统营造文化元素，通过设置一些传统技艺体验活动，开展传统营造技艺相关旅游活动，打造集文化体验、休闲旅游、技艺于一体的文化旅游区。

在传统营造文化旅游区内实行体验式旅游，增强游客体验感，把传统营造技艺的具体项目如制作斗栱、木雕和彩绘作品引入其中，真实展示传统建筑营造现场氛围。在传统营造技艺匠师的指导下，游客亲身体验制作过程，拓宽传统营造技艺的传承渠道，促进传统营造技艺的深入传承。

大力发展旅游商品，让传统营造技艺物质化，具体来说就是开发一些与传统营造技艺相关的商品，植入传统营造文化元素，形成文化创意旅游商品，在文化旅游区内进行展示和销售，将其与文艺表演结合，形成浓郁文化氛围的传统营造文化旅游区。

第四节　江南水乡传统村落礼制建筑营造技艺保护与传承的对策

一、加强传承队伍建设，建立健全传承机制

江南水乡传统村落礼制建筑营造技艺的保护传承需要建立一支结构合理的传承队伍，传承队伍是传统营造技艺的传播者，需要加强传承队伍建设，确保

传承队伍稳定。

大力推进传承人认定工作，让大批传统营造技艺传承人获得社会认可，加入到传承队伍中。建立健全传承机制，鼓励高校、企业参与传统营造技艺传承基地建设，选聘传承人参与教学，发挥传承人积极性，营造文化氛围，为传承队伍培养人才。

建立健全传承机制，保护传统营造技艺传承人，是非物质文化遗产保护的重要内容。大力提高礼制建筑营造技艺传承人和工匠的待遇，政府要加大传承人资助力度，给予他们医疗补助、养老补贴等优惠政策，调动他们参与技艺传承的积极性，消除他们在社会保障方面的顾虑，吸引更多人加入到传统营造技艺的传承队伍。

建立传承队伍权益保护机制，以法律形式规定传承人的权益，给予他们物质和精神上的奖励。设立礼制建筑营造技艺保护性基地，为传承人提供传统营造技艺的传习活动场所，让他们能够定期开展传习，传授礼制建筑营造技艺中的营造流程、工艺美术等，公众通过这种形式获得对传统营造技艺重要性的了解。此外，让传承人获得传统营造技艺的专利权，确保他们的技艺所有权得到保障。

二、传承方式多种多样，形成系统培养模式

积极探索传统营造技艺传承方式多元化发展路径，形成系统的人才培养模式。师徒传承方面要加大扶持力度，拓宽传承人收徒的渠道，通过多种形式吸引年轻人前来学习，形成年轻化的徒弟梯队。加大学艺年轻人的资助力度，在社会上给予补贴，提供他们基本的生活保障。选拔一些技能水平高的年轻人到高校深造，学习理论知识，获得更高级别的学历证书，提高后继者的综合能力。

发挥职业教育在礼制建筑营造技艺传承中的重要作用，加强职业教育和学历教育的互融互通，打破两者之间的壁垒，实现学历证书与职业技能证书互认。利用一些职业学校开设的古建筑工程技术专业作为传承基地，将礼制建筑营造技艺相关知识融入课程，与传承人、工匠、教师共同编写校本教材，为传统营造技艺传承提供专业性指导。

建立科学合理的实践课程体系，培养具有实践操作技能的人才。加强实践性教学，扩大实训课程比例，提高职业教育实践成效。聘请传承人和工匠指导学生实训，有针对性的开设传统营造技艺相关课程，采用课堂教学、实践操作相结合方式，通过现代学徒制的模式让学生跟随传承人和工匠学习和训练，确保学生可以熟练掌握传统营造技艺，培养礼制建筑营造技艺传承骨干群体。

三、完善宣传工作机制，融合多元主体参与

礼制建筑营造技艺保护与传承工作需要加大宣传力度，让公众了解传统营造技艺相关知识，增强传统营造文化认同感。通过报纸、电视、微信、微博等媒体用文字、图片和视频等形式宣传礼制建筑营造技艺，并向公众介绍礼制建筑营造技艺保护与传承的具体措施，让公众能够全面了解礼制建筑营造技艺保护与传承的重要性。

借助于文化遗产日等节日开展传统营造技艺宣传活动，向大众普及传统营造技艺相关知识。定期举办礼制建筑营造技艺保护传承相关讲座和研讨会，让专家和学者从专业角度介绍传统营造技艺。发挥新媒体优势，开设“传统营造技艺名匠”和“云游传统营造技艺”等专栏，以故事形式讲述匠师奋斗的一生以及传统营造技艺的发展过程，推动传统营造技艺融入公众生活。

加强传统营造技艺在学校教育中的宣传力度，推动青少年成为传统营造技艺保护的重要宣传力量，营造良好的传统营造文化学习氛围。在学校里建设传统营造技艺传承基地，开设传统营造技艺相关劳动课程，发放传统营造技艺相关图书，组织学生到工地现场参观，让学生参与具体工程实践。邀请礼制建筑营造技艺匠师到学校进行技艺展演，让学生全面系统学习传统营造技艺知识，了解传统营造技艺保护和传承的重要意义，在潜移默化中增强青少年的文化自信。

四、推动非遗活态传承，激发营造技艺活力

礼制建筑营造技艺需要活态保护，培育活态传承空间，激发传统营造技艺活力。政府要充分重视传统营造技艺活态保护传承的重要性，制定相关法律法规，切实保护传统营造技艺传承人和工匠的利益，让更多人参与传统营造技艺的活态传承。积极探索传统营造技艺活态传承模式，通过政府、企业、传承人、工匠等多方力量联合建立产业园，延长传统营造技艺产业链，促进传统营造技艺的展示和营销，利用地区人才和资源优势，推动特色产业和传统营造技艺融合发展。

在传统营造技艺中融入现代元素，将礼制建筑装饰技艺与现代装饰艺术相结合，以现代建筑的装饰艺术体现传统建筑装饰技艺，使传统文化与现代艺术相得益彰，让传统建筑装饰技艺焕发活力，让人们感受到传统营造文化的独特韵味。江南水乡传统村落礼制建筑传统营造技艺中的木雕、砖雕、石雕等雕刻

艺术具有江南文化特色，体现着江南传统装饰艺术，可以将这些传统雕刻元素应用到现代建筑，在保留原有技艺特色的同时进行适度创新。木雕技艺在江南水乡传统村落礼制建筑中主要用来装饰门窗，雕刻手法独特，题材多样，内容丰富，具有典型吴文化地域特色。现代建筑中采用木雕装饰门窗，融入传统文化元素，体现庄重典雅和自然纯朴的气质，充分彰显传统技艺与现代装饰艺术有机融合的魅力。

五、运用现代技术手段，构建数字保护体系

江南水乡传统村落礼制建筑营造技艺数字化保护是一个重要保护手段，需要建立江南水乡传统村落礼制建筑营造技艺数据库，通过各种技术手段整理收集礼制建筑营造技艺数字化信息，全面保存礼制建筑营造技艺。

围绕传统营造技艺传承人进行数字化采集，通过文字记录传承人档案信息，记录传承人的口述史，采用录像录制传承人的工作过程，拍摄传承人营造礼制建筑的具体流程，将这些资料进行数字化转化后上传到网络平台，形成礼制建筑营造技艺数字化共享资源。

构建传统营造技艺数字化保护体系，运用数字化手段模拟礼制建筑营造技艺，通过实地调研测绘，运用三维技术对礼制建筑营造技艺的具体工艺流程进行图文表达，记录礼制建筑营造技艺相关档案，通过三维动画模拟营造技艺流程，形成礼制建筑营造技艺的动态资料。

对礼制建筑的梁架结构进行建模，再现真实营造过程，对木雕、砖雕等雕刻过程进行三维动画设计，形成礼制建筑营造技艺虚拟展示系统，将礼制建筑营造技艺进行数字化信息采集、数字化智能设计、三维立体建模，通过虚拟展示系统向公众提供礼制建筑营造技艺的查询服务，方便公众了解礼制建筑营造技艺具体信息。

六、文化创意赋能产业，促进文旅融合发展

礼制建筑营造技艺具有文化价值，将文化产业与旅游产业有机结合，促进传统营造技艺旅游活化传承。促进传统营造技艺与旅游产业融合发展，在传统村落建设礼制建筑营造文化旅游基地，提升其旅游价值。针对不同群体设置不同主题的研学旅游，挖掘传统营造文化资源，打造地方特色的非遗旅游产品，增加旅游产业附加值。产品设计上要以江南水乡传统营造文化为素材，将传统营造技艺融入到特色旅游项目中。传统营造文化旅游项目要体现时尚感，充分考

虑年轻人的需求，在旅游项目中融入时尚元素，通过多元化的活动形式和多样化的旅游场景，打造具有时尚特色和文化韵味的传统营造文化旅游项目。

围绕传统营造技艺，挖掘和提炼文化元素，引入浸入式场景，提高传统营造文旅项目体验性，借助数字化技术，通过 VR 和 AR 虚拟现实技术，将传统营造技艺动态化和立体化，让游客身临其境体验到传统营造技艺的独特魅力。开发多元化的传统营造文化创意产品，深入挖掘传统营造文化的核心价值，以独具创意的文创产品吸引年轻人的关注，满足游客对旅游文创纪念品的个性化需求。将传统营造文化与旅游产品相结合，通过文化创意产品进行展现，推动传统营造文化融入现代生活，让年轻人体验到传统营造文化的乐趣。

七、深入挖掘文化内涵，打造知名技艺品牌

江南水乡传统村落礼制建筑具有典型的江南文化特色，体现着江南水乡独有的地域文化内涵，具有其他地区不可比拟的文化特色，这些文化特色以其具象形式凝聚在传统营造技艺中，还体现在与传统营造技艺相关的营造习俗中。礼制建筑营造技艺同时体现着江南水乡传统营造技艺的历史演变过程，需要进行深层次的内涵挖掘，关注蕴含的精神价值，活化传统营造技艺。对于礼制建筑营造技艺文化内涵的挖掘要体现地方特色，将江南水乡传统村落的自然环境、历史遗存、民俗文化与乡村特色有机融合，充分体现出江南水乡地域文化的特色价值。

树立品牌意识，塑造传统营造文化品牌，打造礼制建筑营造技艺 IP，发挥非遗 IP 的影响力，扩大传统营造技艺影响力。提炼传统文化元素，设计不同主题 IP 衍生形象，让传统营造文化更加生动化。借助新媒体平台为礼制建筑营造技艺 IP 宣传，在重大节假日举行活动，以此提高 IP 知名度，塑造立体的礼制建筑营造技艺 IP 形象。利用网络社交平台加强礼制建筑营造技艺 IP 的公众互动交流，让公众通过与 IP 思维的交流，增加对 IP 品牌的好感。打造礼制建筑营造技艺 IP 粉丝团，借助粉丝的宣传作用，宣传推广 IP，形成公众对 IP 品牌的认可度。

第七章 常州传统村落礼制建筑营造技艺保护与传承研究

——以礼嘉王氏宗祠为例

2021年，常州市武进区礼嘉镇礼嘉村鱼池入选第五批江苏省传统村落名录。鱼池村历史文化底蕴深厚，村中保存有众多文物古迹，有戏楼、祠堂、古桥等。礼嘉王氏宗祠位于鱼池村，被誉为常州“东南第一祠”，2008年入选常州市文物保护单位，2011年入选江苏省文物保护单位名单。礼嘉王氏宗祠承载着王氏宗族的历史记忆，蕴含着丰富的文化底蕴，具有较高的研究价值。王氏宗祠是常州传统村落礼制建筑营造技艺保存最完好的祠堂建筑之一，深入研究礼嘉王氏宗祠的建筑形态、形制布局、装饰特征等，对于保护和传承江南水乡传统村落礼制建筑营造技艺具有重要的意义。

第一节 礼嘉王氏宗祠概述

礼嘉王氏先祖为北宋时期宰相王旦，其后代元末迁至礼嘉桥。礼嘉王氏宗祠位于鱼池村，始建于明朝崇祯年间，清代加以扩建，占地面积一千多平方米，坐北朝南，共有四进，分为门厅、三槐堂、槐荫堂、槐恩堂。王氏宗祠每进之间以廊棚连接，三进和四进之间为天井。王氏宗祠整体雕刻精致巧妙，以木雕和砖雕为主，雕刻手法细腻，以人物、山水、花鸟为雕刻内容。

一、礼嘉王氏宗祠价值分析

礼嘉王氏宗祠价值重大，具有历史、文化、社会、艺术、教育、科学、旅游等价值。

（一）历史价值

礼嘉王氏宗祠承载着历史信息，见证着当地村落的历史变迁和礼制文化发展。宗祠建筑年代为明清时期，祠堂各要素体现着不同时期的历史特征，通过宗祠建筑的研究，可以了解当地礼制建筑的历史发展脉络。

王氏宗祠作为王氏宗族的祠堂建筑，祠堂中家谱记录着王氏宗族的发展历史，物质实体的祠堂和文字资料相互印证，可以提供真实的历史信息。王氏宗祠反映着王氏宗族的辉煌历史，代表王氏宗族崇高的地位，具有传承宗族历史的价值。

（二）文化价值

王氏宗祠受到江南文化和吴文化的影响，建筑风格上体现着文化多样性，是研究区域文化的重要实例。作为祭祀建筑，王氏宗祠与中国传统礼制文化密切相关，体现着中国传统礼制文化的思想，蕴含着丰富的礼制文化内涵。

王氏宗祠是祭祀场所，节庆活动举行的祭祀习俗是活态的非遗文化，承载着江南民俗文化信息。王氏宗祠的雕刻大多是吉祥图案，象征着中国传统福文化，表达着人们追求幸福安康的生活，这些吉祥图案蕴含着丰富的文化内涵，对于研究中国民俗文化具有重要的价值。

（三）社会价值

王氏宗祠是在社会发展中形成的，承载着丰富的社会价值。作为公共建筑，在教化族人和价值认同方面发挥着重要作用。王氏宗祠作为族人祭祀活动场所，承担着公共活动场所的功能，与族人的价值观密切相关，反映着宗族的社会观念。

王氏宗祠家训族规以宣传伦理道德，规范族人行为，奖励博取功名等劝谕为主，不仅维系了家族和谐，还形成了家族内部的凝聚力和亲和力，体现着宗祠的社会治理功能。

（四）艺术价值

王氏宗祠的艺术价值体现在明清时期的建筑风格上，反映出江南水乡独特的审美艺术，是研究江南水乡礼制建筑艺术的实例。王氏宗祠在建筑形制、色彩搭配、装饰手法等方面，反映着精湛的建筑技艺。

祠堂的雕刻艺术体现出建筑艺术之美，一定程度上体现了时代特征的艺术风格。砖雕门楼上雕刻有各种精美的图案，使用了透雕、平雕等雕刻手法，图案以人物、花草等为主，各种图案构成富有立体感，体现着高超的砖雕艺术。

（五）教育价值

王氏宗祠利用村规民约、家风家训、道德理念等来教化村民，实现礼制建筑的教育功能。王氏宗祠的建筑形制和空间序列遵循着儒家礼制思想，祠堂装饰上传递着儒家崇文重教、耕读传家、福寿双全的思想。

祠堂作为祭祀的重要场所，在举行大型祭祀活动时，由族长主持仪式并宣讲族规、家法等，告诫族人要遵守法纪，时刻以先贤圣人为楷模，奋发读书，以博取功名为目的，光耀门庭。

（六）科学价值

王氏宗祠是祠堂建筑营造的科学过程，反映着礼制建筑的科学价值。王氏宗祠在选址布局、空间形态等方面与当地环境有机融合，体现着独特的科学价值。王氏宗祠在建造手段和建筑材料上体现了科学思想，木结构梁架采用榫卯结构，抗震性极强。

王氏宗祠建筑布局呈对称状，通过点、线、面等要素来合理布局，形成一种自然对称的协调美，左右对称，中轴居正，富有丰富的层次感，体现了中国古代建筑“天人合一”的科学思想。

（七）旅游价值

王氏宗祠作为礼制建筑，不仅蕴含着丰富的礼制文化，还承载着当地的历史文化信息。深入挖掘王氏宗祠蕴含的文化底蕴，开发王氏宗祠的旅游价值，形成祠堂保护与社会经济协调发展的良好局面。

将王氏宗祠和鱼池村其他文化资源如礼嘉戏楼等联动开发，充分挖掘江南文化和礼制文化内涵，精心设计旅游线路，开发旅游产品，在宗祠内设置主题博物馆，展示宗祠文化的独特魅力，扩大王氏宗祠的知名度。

二、礼嘉王氏宗祠的文化特征

（一）地域文化的特色彰显

常州作为吴文化发祥地之一，传统村落具有鲜明的吴文化特征。吴文化与中原等外来文化不断交融，形成独具地方特色的地域文化，呈现开放包容的吴文化内涵。

王氏先祖在南宋时期南迁至此，带来了中原文化，与吴文化融会贯通，形成了传统村落地域文化内涵。南迁的王氏先祖官僚出身，熟识典章制度，通过宗祠形制体现出独特的文化底蕴。王氏宗祠在选址布局和空间形态上都体现了封建礼制秩序，建筑构造和雕刻艺术上吸取了吴文化特色，充分体现了江南地域文化的传承。江南水乡水系发达，建筑体现着水文化特征，王氏宗祠选址于鱼塘之间，体现着江南水乡水润万物的水文化特征。

王氏宗祠继承了江南水乡粉墙黛瓦的建筑特征，是吴文化的重要物质载体。王氏宗祠体现着不同时期的历史特征，营造技艺上遵循着封建等级制度和礼制秩序，传承江南水乡地域文化，展现出高超精湛的江南水乡礼制建筑营造技艺。王氏宗祠在雕刻上以江南砖雕和木雕为主，将江南雕刻艺术展现地淋漓尽致，体现着独特的江南文化审美意境。

（二）宗族文化的赓续传承

王氏宗祠是宗族文化延续的物质实体，王氏先祖迁居到此之后，经过长时期的繁衍，家族不断发展壮大，形成王氏族人聚居的鱼池村。宗族在村落管理中发挥着重要作用，王氏族人遵循着先祖制定的族规族训，致力于维系宗族和谐，凝聚宗族内部的向心力。槐荫堂墙上张贴有王氏家规家训和二十四孝，宣传伦理道德，告诫族人遵规守纪。

王氏宗祠也承担着教化和约束族人的功能，对于违反族规的族人，会在宗祠予以惩戒。王氏宗祠在惩恶扬善、维护法治方面起到了积极作用，对违反族规的行为进行惩处，不仅维护了王氏宗族的声誉，还有力促进了社会和谐。

耕读传家的家风也是通过宗族来发挥引导作用，王氏宗族重视文化教育，倡导礼制治家。王氏宗祠不仅作为祭祀场所，还作为重要的教育场所，曾经在此兴办私塾，聘请饱读诗书之士，教授宗族子弟儒家经典著作。王氏族人在封建社会考取功名者无数，涌现出众多科举人才，有力推动了王氏宗族的人才培养。

第二节　礼嘉王氏宗祠营造技艺分析

通过对王氏宗祠选址布局、构成要素、形态特征、装饰艺术等方面的深入研究，了解常州传统村落礼制建筑营造技艺的特征。

一、选址布局

礼嘉王氏宗祠在选址和朝向方面注重风水，遵循山环水抱的原则，祠堂两侧原有两个池塘，类似于鱼的两只眼睛，与两条被称为鱼须的小河连通。

坐北朝南的理念对祠堂建筑的朝向有着深远的影响，王氏宗祠坐北朝南，前面有一个大广场，空间较为宽敞，地理位置显著。（图 7-1、图 7-2）

图 7-1　鱼池村（作者自摄）

图 7-2　王氏宗祠（作者自摄）

二、构成元素

（一）基本构成元素

门厅、享堂、寝堂为王氏宗祠基本构成元素，由第一进礼厅、第二进三槐堂、第三进槐荫堂，第四进槐恩堂构成。

王氏宗祠第一进为礼厅，设有砖雕门楼，正中间是“王氏宗祠”匾额，两侧墙上开有两扇六边形花窗。祠堂大门为木质栅栏，门楼两侧刻有楹联“五马家声远，三槐世泽长”，一对石狮并列大门两侧。进门之后为礼厅，上方悬挂“王文正公祠”匾额，礼厅正中放置王氏始祖像，开辟“书画资料室”“族贤选辑室”，陈列名人字画和王氏先贤精英事迹。（图 7-3、图 7-4、图 7-5、图 7-6）

第二进为三槐堂，前檐悬挂“三槐堂”匾额，堂内正中供奉王氏先祖王旦坐像，上方悬挂“文正仪型”匾额，两侧立柱刻有楹联，前方设置供桌，摆放祭祀物品。堂内两侧各设有大宙画展室、先贤纪念室，通过图片和文字展出王氏族人优秀事迹。（图 7-7、图 7-8、图 7-9、图 7-10）

图 7-3　礼厅(作者自摄)

图 7-4　礼厅书画资料室

图 7-5　礼厅王氏始祖塑像(作者自摄)

图 7-6　礼厅族贤选辑室(作者自摄)

图 7-7　三槐堂(作者自摄)

图 7-8　三槐堂大宙画展室(作者自摄)

图 7-9　三槐堂王旦坐像(作者自摄)

图 7-10　三槐堂先贤纪念室(作者自摄)

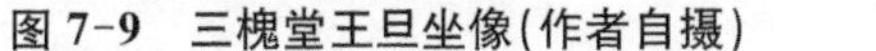

第三进为槐荫堂,前檐悬挂“槐荫堂”匾额,堂内正中为南渡始迁祖子高公坐像,两侧坐像分别为中沙支祖吾伍公、中沙礼嘉桥周陈始迁祖真一公。坐像上方悬挂各种匾额,两侧立柱上刻对联,堂内各个立柱上均有楹联。(图 7-11、图 7-12、图 7-13、图 7-14)

第四进为槐恩堂,前檐悬挂“槐恩堂”匾额,大门两侧柱子上刻有楹联,堂内正中摆放王氏先祖牌位。(图 7-15)

图 7-11　槐荫堂(作者自摄)

图 7-12　中沙支祖吾伍公坐像(作者自摄)

图 7-13　南渡始迁祖子高公坐像
（作者自摄）

图 7-14　中沙礼嘉桥周陈始迁祖真一公坐像
（作者自摄）

图 7-15　槐恩堂（作者自摄）

（二）附属构成元素

王氏宗祠在第一进和第二进之间两侧设有两条通廊，由四根柱子支撑，屋顶为硬山式。第二进和第三进之间两侧设有两条碑廊，碑廊上陈设《先祖像赞》碑、《题王氏家谱跋》碑、《周陈王氏修缮宗祠碑记》等。（图 7-16、图 7-17、图 7-18、图 7-19）

图 7-16　第一进和第二进之间的通廊（作者自摄）

图 7-17　第二进和第三进之间的碑廊（作者自摄）

图 7-18　先祖像赞碑一（作者自摄）

图 7-19　先祖像赞碑二（作者自摄）

三、形态特征

受到江南水乡地域文化的影响，王氏宗祠呈现鲜明地方特色的建筑形态特征，主要从台基、地面、构架、屋顶、山墙等方面进行深入研究。

王氏宗祠的台基为普通台基，台明为平台式。礼厅、三槐堂、槐荫堂、槐恩堂的台阶均为石头铺砌，大多为三进台阶。（图 7-20、图 7-21）

王氏宗祠的地面采用砖、石材料，礼厅和三槐堂之间的地面使用条石铺砌，厅堂室内大多采用条砖铺砌。三槐堂和槐荫堂之间的空间较为宽敞，地面使用条砖铺砌。（图 7-22、图 7-23）

王氏宗祠三槐堂和槐荫堂使用了抬梁式构架，堂内柱子为木质圆形，柱础为石质鼓形。王氏宗祠为硬山式屋顶，屋脊上有精美的雕塑，如三槐堂屋脊为双龙戏珠，槐荫堂屋脊为吉祥如意。山墙采用了马头墙，体现了独具江南地域文化特色的建筑艺术。（图 7-24、图 7-25、图 7-26、图 7-27）

图 7-20　礼厅大门台阶（作者自摄）

图 7-21　槐荫堂台阶（作者自摄）

图 7-22　地面图一（作者自摄）

图 7-23　地面图二（作者自摄）

图 7-24　三槐堂构架（作者自摄）

图 7-25　槐荫堂构架（作者自摄）

图 7-26　三槐堂屋顶与山墙(作者自摄)

图 7-27　槐荫堂屋顶与山墙(作者自摄)

四、装饰艺术

主要以王氏宗祠的雕刻艺术、匾额楹联等装饰艺术为研究对象，探究传统村落祠堂建筑与礼制文化的和谐共生。

（一）雕刻艺术

王氏宗祠中使用了砖雕、石雕、木雕等雕刻艺术，充分体现了江南水乡独具特色的雕刻技艺。

王氏宗祠砖雕门楼采用了圆雕、浮雕、透雕等雕刻手法，题材多样，富有江南地域文化特色。砖雕门楼正面的字牌刻有“王氏宗祠”四个字，上枋为回形纹和神话人物图案，下枋为五个圆形寿字、祥云和蝙蝠图案，左右兜肚为神话人物图案。(图 7-28)

石雕在王氏宗祠中较为常见，如石狮、抱鼓石等都展现了石雕艺术，雕刻手法为浮雕、透雕等，雕刻图案有花卉、动物、人物以及吉祥纹等。王氏宗祠大门有一对石狮，形象逼真，两个石狮形态各异，西边石狮爪下有小狮子抱着，东边石狮爪子抱着球，下方基座雕刻花卉和旭日图案。槐荫堂门前有一对花岗岩石狮，与祠堂大门不同，两个石狮双爪抱球，雕刻手法精致。槐荫堂有一对抱鼓石，青石上雕刻有动物图案，形象逼真，寓意着吉祥如意。(图 7-29、图 7-30、图 7-31)

王氏宗祠木雕艺术主要体现在梁枋、门窗、雀替等位置，雕刻手法为浮雕、圆雕、透雕、镂雕等，雕刻图案为人物、动物、花卉及吉祥纹等。槐荫堂外檐上方

木雕图案以吉祥纹为主,雀替上雕刻神话人物故事,堂内梁枋上木雕以花卉图案为主。(图 7-32)

图 7-28　王氏宗祠门楼砖雕组图(作者自摄)

图 7-29　礼厅门前石狮(作者自摄)

图 7-30　槐荫堂门前石狮(作者自摄)

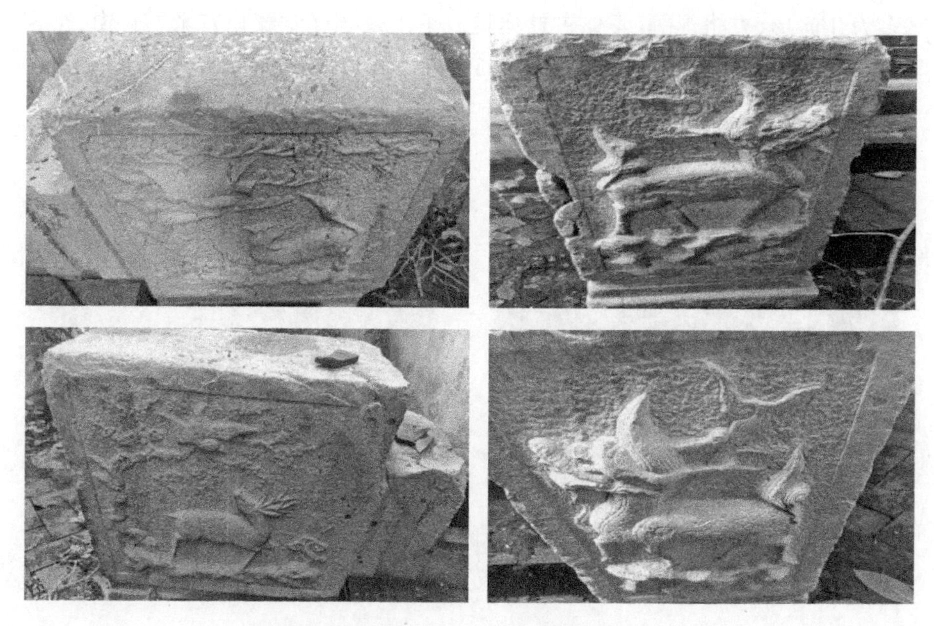

图 7-31　槐荫堂抱鼓石石雕组图(作者自摄)

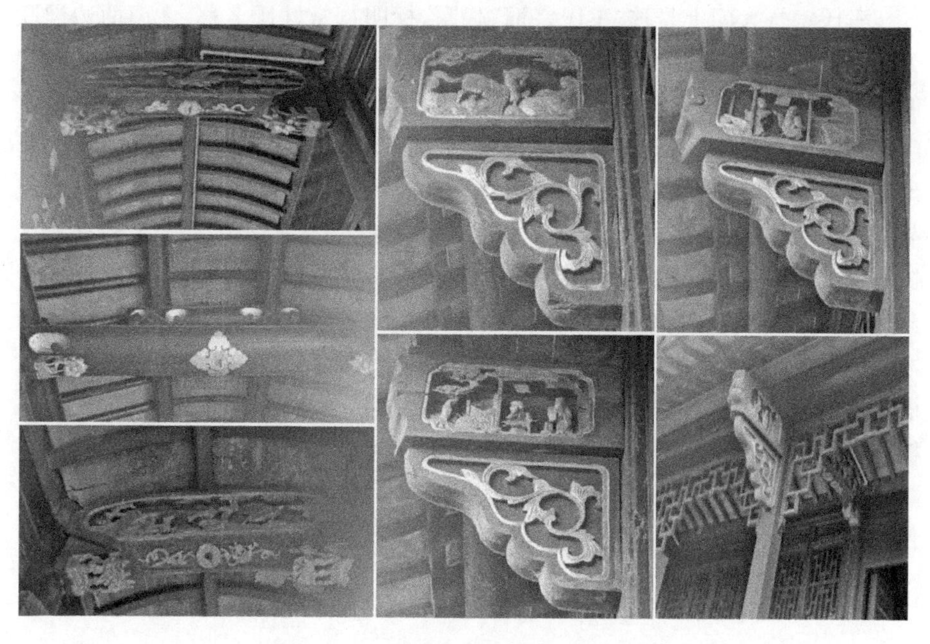

图 7-32　槐荫堂木雕组图(作者自摄)

王氏宗祠三槐堂、槐荫堂、槐恩堂大门采用了木质隔扇门，门上木雕装饰图案多为几何形、方格形等，整体古朴典雅。王氏宗祠厅堂窗户有木质长窗、半窗等，雕刻图案大多为吉祥纹饰。（图 7-33、图 7-34）

图 7-33　三槐堂木雕门（作者自摄）

图 7-34　槐荫堂木雕门（作者自摄）

（二）匾额楹联

王氏宗祠大门上悬挂“王氏宗祠”牌匾，标明祠堂姓氏名称，大门两边楹联为“五马家声远，三槐世泽长”。二进厅堂大门上方悬挂“三槐堂”匾额，堂内坐像正上方悬挂“文正仪型”匾额，两侧上方悬挂“祖德之光”“荫满槐庭”匾额，堂内左右梁上悬挂“沧海同源”“敬宗收族”匾额，这些匾额表达了对王氏先祖的尊重之情。坐像两侧立柱刻有楹联“积德累功正气巍巍昭万古，尽忠竭孝文光赫赫耀千秋”。坐像前面柱子上刻有楹联“和羹有兆四玉三珠荫乌衣瑞日，德音无比九龙五马咏素服清风”。三进厅堂大门上方悬挂“槐荫堂”匾额，两侧柱子上刻有楹联“派出成周溯晋唐宋历代瓜绵珠联璧合，族开吴甸自东中西三沙鼎峙冠冕巍峨”。堂内正中南渡始迁祖王子高坐像上方悬挂“本固枝荣”匾额，两侧楹联为“阳湖百里良风美俗赞鱼池泽润万代，礼镇十村孝子贤孙修宗祠德符三槐”，中沙支祖王吾伍坐像上方悬挂“福未艾也”匾额，中沙礼嘉桥周陈始迁祖王真一坐像上方悬挂“槐堂世瑞”匾额。此外堂内梁上悬挂“源远流长”“隽望世传”等匾额，堂内柱子上均刻有楹联。（图 7-35、图 7-36）

图 7-35　三槐堂匾额、楹联组图(作者自摄)

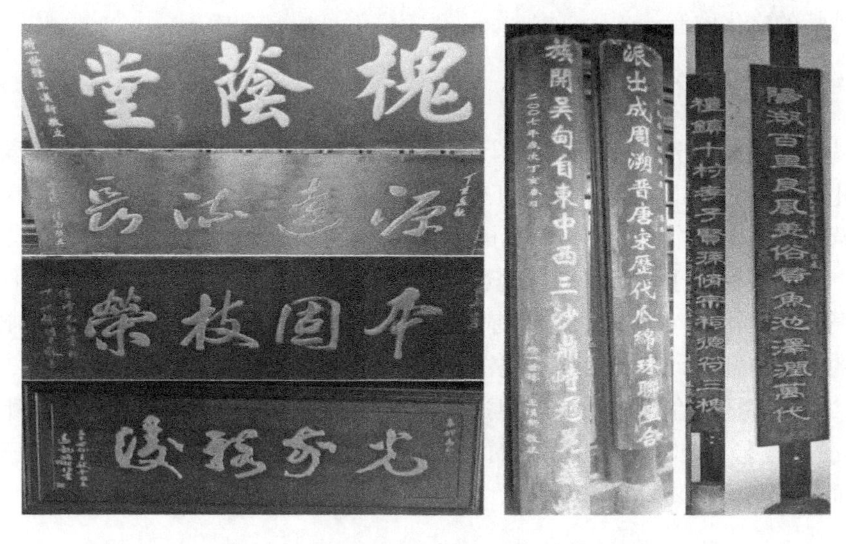

图 7-36　槐荫堂匾额、楹联组图(作者自摄)

第三节　礼嘉王氏宗祠营造技艺保护与传承策略

一、礼嘉王氏宗祠营造技艺保护与传承的原则

（一）真实性原则

礼嘉王氏宗祠是礼制建筑营造技艺的物质载体，是工匠在长期的营造实践中传承下来的技艺，凝聚着工匠智慧的结晶。礼嘉王氏宗祠的营造流程和装饰艺术体现的是江南水乡传统村落礼制建筑营造技艺的特征，是原汁原味的礼制建筑营造技艺，是工匠通过技艺造就的真实载体。需要保持王氏宗祠营造技艺的真实性，延续真实的工法和工艺流程，使其可以传承下去。

礼嘉王氏宗祠在营造过程中形成的营造习俗，是礼制文化和地域文化的真实体现，是封建家礼的历史见证，需要保持王氏宗祠营造技艺的文化真实性，传承独特的文化内涵。

（二）整体性原则

王氏宗祠营造技艺既包括设计和施工等营造流程，也包括营造仪式和营造文化等营造习俗，由不同工种的工匠合作完成，包含木作、瓦作、石作等，王氏宗祠营造技艺是一个不可分割的有机整体。

王氏宗祠属于礼制建筑，其营造技艺和礼制文化密切相关，在营造过程中遵循着封建礼教秩序，按照尊卑有序的礼制来建造厅堂，是祠堂建筑和礼制文化的有机结合，形成一个完整的祭祀活动场所。

王氏宗祠是在特定环境下建造出来的，其营造技艺也和周围环境有所关联，营造技艺需要将其置入完整的环境中，关注自然环境和生态环境，保护王氏宗祠营造技艺场域的完整性。

（三）活态性原则

祠堂建筑营造技艺属于非物质文化遗产，需要注重对营造技艺的动态传承和发展，坚持活态性的保护与传承原则。王氏宗祠营造技艺是不同匠作技艺的集合，是在长期实践中形成的，需要在继承中有所发展和创新，形成独具特色的

礼制建筑营造技艺。

对王氏宗祠及其营造技艺不仅需要加强物质载体的保护，还要注重祠堂建筑营造技艺的活态传承和保护。不仅要保护技艺本体，还要坚持活态性原则，培育祠堂建筑营造技艺活态传承空间。加大祠堂建筑营造技艺数字化保护力度，对其进行三维建模，形成动态的祠堂建筑营造技艺。加大对祠堂建筑营造技艺的活态传承力度，大力推进祠堂建筑营造技艺社会化传承方式，让营造技艺能够长久传承和发展，形成王氏宗祠营造技艺的活态传承的良好氛围。

（四）地域性原则

王氏宗祠营造技艺具有鲜明的江南地域特征，是江南吴文化和礼制文化融合发展的产物，体现着江南地域文化特征。王氏宗祠在营造流程上沿袭着江南祠堂建筑营造风格，遵循着封建礼制秩序。王氏宗祠在建造上采用层层递进的方式，寝堂位置最高，充分彰显了江南礼制文化尊卑有序的理念。王氏宗祠山墙采用了马头墙，是江南地区独特的山墙形式，体现着江南地域文化特征。

王氏宗祠的雕刻艺术体现着江南地区独特的地域特征，如木雕隔扇门窗是江南特有的雕刻艺术，砖雕门楼图案雕刻精美，以神话人物和花卉动物等为主，体现江南地区精湛的砖雕技艺，石狮雕刻形态逼真，充分体现了江南地区典型的地域特征。坚持地域性原则就是要把营造技艺放在江南地域中去保护和传承，不能失去地域特性，要保护江南地域文化多样性。

二、礼嘉王氏宗祠营造技艺保护与传承的模式

（一）宗族文化博物馆

王氏宗族在封建社会涌现出大批人才，始祖王旦曾为宋朝宰相，后世也有很多人考取功名，体现了宗族文化的独特作用。可以将王氏宗祠礼厅改造成宗族文化博物馆，将其作为展示宗族文化的平台。通过文字、图片等形式将王氏宗族优秀事迹予以展示，展示王氏宗族几百年发展历史。馆内陈设王氏宗族家谱及历史文献资料，展现王氏宗族族谱结构。运用现代媒体技术，开设宗族文化数字博物馆，将王氏宗族相关文物进行三维立体扫描，利用 AR、VR 等虚拟现实技术，引入 3D 动画、5D 影像等高科技手段进行展示，制作王氏宗族相关视频，通过手机扫码观看，动态展示宗族文化的独特魅力。

（二）民俗文化展示馆

礼嘉民俗文化资源丰富，拥有众多的非遗项目，如曲艺“唱六苏”、民间文学“白鱼朝庙的故事”、传统技艺“禹城酿酒技艺”“毛氏蟹糊烧制技艺”等。可以将王氏宗祠三槐堂改造成为民俗文化展示馆，利用当地非遗项目开展民俗文化活动，宣传推广地方民俗文化。馆内可以开辟多个展区，如民俗文化表演区，邀请“唱六苏”传承人现场表演曲艺，组织青少年学生参观学习。邀请“禹城酿酒技艺”、“毛氏蟹糊烧制技艺”传承人现场制作，展示传统技艺制作全过程，实现非遗与民俗文化的互融互通。在重大节日举行民俗文化节，借助网络直播平台，加大宣传力度，推广礼嘉地方民俗文化。

（三）营造技艺体验馆

王氏宗祠在建筑形态、空间结构、装饰艺术上展现了精湛的礼制建筑营造技艺，具有鲜明的江南地域文化特色，充分体现了江南水乡传统村落礼制建筑营造技艺的博大精深。利用王氏宗祠槐荫堂开设营造技艺体验馆，让民众能够充分了解礼制建筑营造技艺的独特魅力。一方面通过实物展示礼制建筑营造技艺相关的物品，如木作、瓦作、砖作等工具以及礼制建筑模型；另一方面开展礼制建筑营造技艺体验活动，将礼制建筑营造技艺斗栱等构件制作和木雕、砖雕、石雕、彩绘雕刻艺术引入馆内，聘请专业工匠进行技艺指导，让民众参与拼接斗栱榫卯，体验苏式木雕、彩绘制作，搭建梁轩、檐口等模型，让民众亲身体验到礼制建筑营造技艺的独特魅力。

三、礼嘉王氏宗祠营造技艺保护与传承的对策

（一）加大宗祠保护力度，制定常态化保护制度

礼制建筑营造技艺的传承离不开物质载体的保护，只有宗祠得到有力保护，营造技艺才能有效传承，因此要加强对王氏宗祠的保护力度。调研中发现，王氏宗祠虽然是省级文保单位，采取了多种保护措施，但是保护力度仍需增强。调研中发现王氏族人专门成立了宗祠管理办公室，但是实际上只是兼职人员，仅仅负责宗祠的日常维修和使用，并没有制定常态化保护制度。

要建立健全宗祠保护管理制度，对王氏宗祠进行科学管理，划定保护范围，对宗祠进行重点保护，制定常态化保护制度，确保王氏宗祠能够得到有效保护。要由乡镇村共同成立宗祠管理办公室，安排专人负责，定期对王氏宗祠进行巡

查,发现破坏行为予以制止,并做出严厉处罚。针对王氏宗祠的修缮事务以及开放使用制定严格的管理制度,遵循保护性利用的原则,合理利用宗祠。实行保护资金多元化,一方面要争取政府保护资金投入,另一方面要多措并举吸收外来资金,设立宗祠保护基金,发动社会力量和个人捐款。探索多元化投资机制,让社会资金投入开发利用宗祠,给予其一定收益,共同出资修缮宗祠,开发公共服务设施,设计宗祠文化旅游线路,打造精品宗祠文化旅游项目,实行宗祠保护与经济效益共赢。

(二) 采取数字化保护手段,构建数字化保护体系

宗祠营造技艺是一项复杂的过程,需要进行全方位的保护,因此采取数字化保护手段势在必行。通过 BIM 建模、三维动画、虚拟展示等虚拟现实技术,打造王氏宗祠营造技艺保护平台,实现线上和线下数字化保护。根据王氏宗祠营造流程,对各个工序进行数据采集,通过建模形式进行分析,还原真实营造过程。构建王氏宗祠营造技艺图像数据库,将宗祠整个营造流程通过图像展现,使其实现编辑功能。对王氏宗祠整体布局、建筑形态等进行数字化扫描,并对其中梁枋构架进行三维建模,还原其真实过程,建立详尽的数字化系统。

王氏宗祠的雕刻艺术较为精致,木雕、石雕、砖雕三雕艺术具有鲜明的江南地域特色,需要进行数字化保护,通过拍照、扫描、录像等形式收集资料,建立王氏宗祠三雕数据库。对宗祠雀替、斗栱等构件的图案、纹饰进行数据采集,构建数字化三维模型,为研究王氏宗祠三雕艺术提供可视化的数字模型,运用多媒体技术进行网上展示,构建王氏宗祠三雕艺术数字化保护体系。运用三维仿真动画技术对三雕艺术进行数字化展示,以图文声像的动态形式生动逼真展示王氏宗祠三雕艺术的独特魅力,让王氏宗祠三雕艺术蕴含的江南文化得以全面展现。

(三) 注重活态保护传承,激发营造技艺活力

祠堂建筑营造技艺属于非遗,需要活态传承保护,激发营造技艺活力。对于王氏宗祠营造技艺的保护和传承,不光要保护物质载体,还要活态传承技艺。王氏宗祠营造技艺在营造流程和雕刻艺术上具有鲜明的地域特色,体现了江南水乡传统村落礼制建筑营造技艺的精湛水平。

对王氏宗祠营造技艺进行活态化的文创设计,使营造技艺文创产品具有地域文化特征,能够形成独特的文创产品。王氏宗祠马头墙是极具地域特色的山墙,将其融入到文创产品中,开发相关文化创意产品,设计个性化的动漫产品,借助于色彩、空间等要素,将马头墙建筑特色转化为艺术元素,凸显江南水乡礼

制建筑风格，丰富动漫作品的地域文化特色，增强动漫作品艺术感。

王氏宗祠的雕刻艺术是江南水乡雕刻技艺的体现，极具江南地域文化特色，砖雕门楼以神话人物、吉祥纹样、山水风景等图案为主，采用了多种雕刻技法，蕴含着江南人民的文化内涵。可以设计砖雕文化创意产品，提取砖雕艺术的传统文化元素，以砖雕图案进行设计创作，形成全新图案。通过运用砖雕形态和图案的再设计，体现产品趣味性和创新性，以现代艺术视角将吉祥文化潜移默化传达出去，赋予传统文化新的活力，扩大江南文化的影响力。

（四）加快文旅融合发展，助力营造技艺传承

王氏宗祠营造技艺的特色是体现在祠堂建筑上，通过祠堂建筑文旅融合，助力营造技艺传承。将王氏宗祠进行旅游开发，将其改造成为祠堂建筑营造技艺博物馆，加强与其他流派的营造技艺交流合作，形成独具特色的常州传统村落礼制建筑营造技艺的形象，传承发展营造技艺。

将王氏宗祠营造技艺融入到乡村旅游和文化生态游等文旅产业中，与礼嘉戏楼、古桥等历史遗存，"唱六苏"曲艺等民俗文化以及当地自然环境有机融合，形成极具江南地域特色的文化旅游产业。以营造技艺为突破点，开展营造文化体验活动，开发游客体验产品，让游客亲身参与斗栱制作，搭建祠堂模型等活动，增加营造技艺的趣味性和体验性，让游客通过参与体验活动，加深对营造技艺的理解，形成对营造技艺的深层次认识。

在营造技艺旅游产品中引入高科技手段，使用3D虚拟影像技术和AR、VR虚拟现实技术，与现代媒体技术结合，充分呈现集表演和娱乐于一体的祠堂建筑，丰富营造技艺的感染力。加大宣传力度，通过抖音、短视频等新媒体进行传播，拍摄营造技艺相关视频在网络上播放，开设围绕王氏宗祠营造技艺的网络宣传课程，树立营造技艺旅游品牌的良好形象，扩大营造技艺品牌影响力。

（五）充分挖掘文化内涵，彰显营造技艺魅力

王氏宗祠营造技艺的文化内涵包括祠堂物质载体和传统营造技艺的精神文化，需要充分挖掘文化内涵，彰显营造技艺魅力，让营造技艺具有持续的生命力，能够长久地传承和发展。

王氏宗祠体现了礼制文化的特征，在设计上遵循着礼制秩序，采取了递进的建筑形式，寝堂为最高，正是礼制文化内涵的体现。王氏宗祠的构架、屋顶、屋脊、山墙等都极富江南地域文化的显著特征，体现着江南地域文化的独特魅力。需要提高江南地域文化对营造技艺的影响力，继承江南地域文化的精华，保护传承与江南水乡文化氛围相适应的营造技艺。

王氏宗祠作为江南水乡传统村落礼制建筑的组成部分，是江南地域文化的物质载体，体现着江南地区精湛高超的传统营造技艺。王氏宗祠营造技艺是不同工种的工匠将地域文化和礼制文化融入到营造活动中的具体体现，凝聚着江南地区劳动人民的智慧和精神。继承传统营造技艺，保持文化的完整性，对于保护传承江南水乡传统村落礼制建筑营造技艺具有重要意义。对于王氏宗祠营造技艺文化内涵的挖掘需要充分体现地域文化特色，将传统村落的自然环境、人文景观、文化遗存等要素与营造技艺有机结合，充分展现王氏宗祠营造技艺的独特价值。

参考文献

一、著作

1. 姚承祖.营造法原[M].北京:中国建筑工业出版社,1986.
2. 梁思成.清式营造则例[M].北京:中国建筑工业出版社,1981.
3. 梁思成.营造法式注解[M].北京:中国建筑工业出版社,1983.
4. 马炳坚.清式营造则例[M].北京:中国建筑工业出版社,1981.
5. 沈黎.香山帮匠作系统研究[M].上海:同济大学出版社,2011.
6. 崔晋余.苏州香山帮建筑[M].北京:中国建筑工业出版社,2004.
7. 梁思成.中国建筑史[M].北京:百花文艺出版社,1998.
8. 李浈.中国传统建筑形制与工艺[M].上海:同济大学出版社,2010.
9. 李洲芳.苏派建筑香山帮[M].长春:吉林出版集团有限公司,2010.
10. 路玉章.木雕雕刻技术与传统雕刻图谱[M].北京:中国建筑工业出版社,2000.
11. 郭黛姮.中国古代建筑史[M].北京:中国建筑工业出版社,2009.
12. 朱广宇.中国传统建筑门窗、隔扇装饰艺术[M].北京:机械工业出版社,2008.
13. 李洲芳.苏派建筑香山帮[M].长春:吉林出版集团有限公司,2010.
14. 何俊寿.中国建筑彩画图集[M].天津:天津大学出版社,2006.
15. 陈志华.中国古代建筑装饰五书[M].北京:中国建筑工业出版社,2011.
16. 刘淑婷.中国传统建筑悬鱼装饰艺术[M].北京:机械工业出版社,2007.
17. 冯晓东.承香录[M].北京:中国建筑工业出版社,2012.
18. 刘敦桢.中国古代建筑史[M].北京:中国建筑工业出版社,2008.
19. 居晴磊.苏州砖雕[M].北京:中国建筑工业出版社,2008.
20. 文化部文物保护科研所.中国古建筑修缮技术[M].北京:中国建筑工业出版社,1994.
21. 刘托.苏州香山帮建筑营造技艺[M].南京:江苏文艺出版社,2018.

22. 夏文杰. 中国传统文化与传统建筑[M]. 北京:北京工业大学出版社,2018.

23. 沈福煦. 中国古代建筑文化史[M]. 上海:上海古籍出版社,2001.

24. 蔡丰明、窦昌荣. 中国祠堂[M]. 重庆:重庆出版社,2003.

25. 周学鹰、马晓. 中国江南水乡建筑文化[M]. 武汉:湖北教育出版社,2006.

26. 叶志衡. 新叶古村落研究[M]. 杭州:浙江大学出版社,2016.

27. 邵建东. 浙中地区传统宗祠研究[M]. 杭州:浙江大学出版社, 2011.

28. 李秋香. 宗祠[M]. 北京:生活·读书·新知三联书店,2006.

29. 冯尔康. 中国古代的宗族与祠堂[M]. 北京:商务印刷馆,2013.

30. 时亮. 朱子家训朱子家礼读本[M]. 北京:中国人民大学出版社,2016.

31. 侯幼彬. 中国建筑美学[M]. 北京:中国建筑工业出版社,2018.

32. 王鹤鸣、王澄. 中国祠堂通论[M]. 上海:上海古籍出版社,2013.

33. 潘谷西. 中国建筑史[M]. 北京:中国建筑工业出版社. 2015.

34. 余英. 中国东南系建筑区系类型研究[M]. 北京:中国建筑工业出版社,2001.

35. 周逸敏、朱炳国. 常州祠堂[M]. 南京:凤凰出版社,2012.

36. 范飞等. 杭州祠堂文化记忆[M]. 杭州:浙江人民出版社,2017.

37. 王樟松、郑萍萍. 一缕乡愁:桐庐古建筑文化基因解码[M]. 杭州:浙江工商大学出版社,2022.

38. 恩斯特·伯施曼. 中国建筑与宗教文化之祠堂[M]. 北京:中国画报出版社,2022.

39. 王俊. 中国古代宗祠[M]. 北京:中国商业出版社,2017.

40. 梁思成、刘致平. 中国建筑艺术图集[M]. 北京:百花文艺出版社,2007.

41. 梁思成. 图像中国建筑史[M]. 费慰梅编,北京:百花文艺出版社,2001.

42. 傅熹年. 中国古代建筑工程管理和建筑等级制度研究[M]. 北京:中国建筑工业出版社,2012.

43. 沈建东. 苏南民俗研究[M]. 南昌:江西人民出版社,2007.

44. 徐耀新. 精彩江苏·历史文化名城名镇名村系列[M]. 南京:江苏人民出版社,2017.

45. 周岚、朱光亚、张鑑. 乡愁的记忆——江苏村落遗产特色和价值研究[M]. 南京:东南大学出版社,2017.

46. 刘一鸣. 古建筑砖细工[M]. 北京:北京建筑工业出版社. 2004.

47. 李浈. 中国传统建筑木作工具[M]. 上海:同济大学出版社. 2004.

48. 城市文化遗产保护国际宪章与国内法规编选[M]. 上海:同济大学出版社. 2006.

49. 夏泉生、罗根兄. 无锡惠山祠堂群[M]. 长春:时代文艺出版社,2003.

50. 刘致平. 中国建筑类型及结构[M]. 北京:中国建筑工业出版社,2000.

51. 刘馨秋. 中国传统村落记忆(江苏卷)[M]. 北京:中国农业科学技术出版社,2018.

52. 伽红凯. 中国传统村落记忆—浙江卷[M]. 北京:中国农业科学技术出版社,2018.

53. 陈光庆、夏军. 江苏古村落[M]. 南京:南京出版社,2016.

54. 胡彬彬、吴灿. 中国传统村落文化概论[M]. 北京:中国社会科学出版社,2018.

55. 俞绳方. 苏州古城保护及其历史文化价值[M]. 西安:陕西人民教育出版社,2007.

56. 梁思成. 中国古代建筑史绪论[M]. 北京:中国建筑工业出版社,1986.

57. 薛毅. 乡土中国与文化研究[M]. 上海:上海书店出版社,2008.

58. 姜晓萍. 中国传统建筑艺术[M]. 重庆:西南师范大学出版社,1998.

59. 刘沛林. 正在消失的中国古文明—古村落[M]. 北京:国家行政学院出版社,2012.

60. 吴恩培. 吴文化概论[M]. 南京:东南大学出版社,2006.

61. 徐国保. 吴文化的根基与文脉[M]. 南京:东南大学出版社,2008.

62. 祁嘉华. 营造的初心:传统村落的文化思考[M]. 北京: 中国建材工业出版社,2018.

63. 李立:乡村聚落:形态、类型与演变——以江南地区为例[M]. 南京:东南大学出版社,2007.

64. 刘士林、苏晓静、王晓静等. 江南文化理论[M]. 上海:上海人民出版社,2019.

65. 居阅时. 江南建筑与园林文化[M]. 上海:上海人民出版社,2019.

66. 王浩. 美丽乡村建设背景下苏南传统村落文化资源保护与开发研究[M]. 南京:河海大学出版社,2019.

67. 苏州市住房和城乡建设局. 苏州历史建筑建造技艺[M]. 上海:文汇出版社,2022.

68. 苏州市吴中区西山镇志编纂委员会. 西山镇志[M]. 苏州:苏州大学

出版社，2001.

69. 周建明:中国传统村落——保护与发展[M]. 北京:中国建筑工业出版社,2014.

70. 赵之枫. 传统村镇聚落空间解析[M]. 北京:中国建筑工业出版社,2015.

71. 方明,薛玉峰,熊艳. 历史文化村镇继承与发展指南[M]. 北京:中国社会出版社,2006.

72. 魏永康、金开诚. 古代礼制文化[M]. 长春:吉林文史出版社,2010.

73. 罗昌智. 浙江文化教程[M]. 杭州:浙江工商大学出版社,2009.

74. 浙江省住房和城乡建设厅. 留住乡愁:中国传统村落浙江图经[M]. 杭州:浙江摄影出版社,2016.

75. 杨新平等. 浙江古建筑[M]. 北京:中国建筑工业出版社,2015.

76. 陈桂秋、丁俊清、余建忠、程红波. 宗族文化与浙江传统村落[M]. 北京:中国建筑工业出版社,2019.

77. 崔峰、王丽娴、张光明. 吴越传统村落[M]. 深圳:海天出版社,2020.

78. 曹山明、苏静. 中国传统村落与文化兴盛之路[M]. 南京:江苏凤凰科学技术出版社,2021.

79. 雷家宏. 中国古代的乡里生活[M]. 商务印书馆,2017.

80. 曹锦清、张乐天、陈中亚. 当代浙北乡村的社会文化变迁[M]. 上海:上海人民出版社,2019.

81. 胡彬彬. 中国村落史[M]. 北京:中信出版社,2021.

82. 郭海鞍. 文化与乡村营建[M]. 北京:中国建筑工业出版社,2020.

83. 周乾松. 中国历史村镇文化遗产保护利用研究[M]. 北京:中国建筑工业出版社,2015.

84. 张宝秀、成志芬. 中国传统村落概论[M]. 深圳:海天出版社,2020. 12.

85. 吴良镛. 中国人居史[M]. 北京:中国建筑工业出版社,2015.

86. 刘杰. 江南木构[M]. 上海市:上海交通大学出版社,2009.

87. 过汉泉. 古建筑木工[M]. 北京:中国建筑工业出版社,2004.

88. 刘一鸣. 古建筑砖细[M]. 北京:中国建筑工业出版社,2004.

89. 苏简亚. 苏州文化概论[M]. 南京:江苏教育出版社,2008.

90. 楼庆西. 乡土建筑装饰艺术[M]. 北京:中国建筑工业出版社,2006.

91. 杨耿. 苏州建筑三雕:木雕、砖雕、石雕[M]. 苏州:苏州大学出版社,2012.

92. 张道一、唐家路. 中国古代建筑木雕之门窗雕刻[M]. 南京:江苏美术出版社，2006.

93. 张道一、唐家路. 中国古代建筑石雕[M]. 南京：江苏美术出版社，2006.

94. 张道一、郭廉夫. 古代建筑雕刻纹饰[M]. 南京：江苏美术出版社，2007.

95. 王其钧. 中国古建筑语言[M]. 北京：机械工业出版社，2007.

96. 刘托. 营造技艺的传承密码[M]. 北京：中国建材工业出版社，2022.

97. 华亦雄. 江南地区传统环境营造技艺生态审美评估研究[M]. 北京：中国建筑工业出版社，2019.

98. 王颢霖. 中国传统建筑营造技艺丛书：宋代建筑营造技艺[M]. 合肥：安徽科学技术出版社，2021.

99. 雍振华. 江苏古建筑[M]. 北京：中国建筑工业出版社，2015.

100. 贺从容、李沁园、梅静. 浙江古建筑地图[M]. 北京：清华大学出版社，2015.

101. 赵玉春. 礼制建筑体系文化艺术史论[M]. 北京：中国建材工业出版社，2022.

102. 王浩. 江苏建筑文化遗产保护与发展研究[M]. 南京：河海大学出版社，2022.

103. 冯晓东、雍振华. 香山帮建筑图释[M]. 北京：中国建筑工业出版社，2015.

104. 何大明、周骏. 香山帮建筑笔记[M]. 北京：中国建筑工业出版社，2016.

105. 江苏省住房和城乡建设厅等. 江苏传统营造大师谈[M]. 北京：中国建筑工业出版社，2020.

106. 周政旭. 形成与演变：从文本与空间中探索聚落营建史[M]. 北京：中国建筑工业出版社，2016.

107. 陈继军等. 传统村落保护与传承适宜技术与产品图例[M]. 北京：中国建筑工业出版社，2019.

108. 陈志华、李秋香. 乡土建筑遗产保护[M]. 合肥：黄山书社，2008.

109. 冯尔康等. 中国宗族史[M]. 上海：上海人民出版社，2009.

110. 孙大章. 中国古代建筑史 第5卷 清代建筑[M]. 北京：中国建筑工业出版社，2009.

111. 徐扬杰. 中国家族制度史[M]. 北京：人民出版社，1992.

112. 费孝通. 乡土社会[M]. 北京：中华书局，2013.

113. 浦欣成.传统乡村聚落平面形态的量化方法研究[M].南京:东南大学出版社,2013.

114. 施俊天.诗性:当代江南乡村景观设计与文化理路[M].杭州:中国美术学院出版社,2016 .

115. 刘沛林.家园的景观与基因:传统聚落景观基因图谱的深层解读[M].北京:商务印书 馆,2014.

116. 刘奔腾.历史文化村镇保护模式研究[M].南京:东南大学出版社,2015.

117. 吴良镛.建筑·城市·人居环境[M].石家庄:河北教育出版社,2003.

118. 彭一刚.建筑空间组合论[M].北京:中国建筑工业出版社,1998.

119. 沈成嵩.江南乡村民俗[M].北京:中国农业出版社,2011.

120. 林峰.江南水乡[M].上海:上海交通大学出版社,2008.

121. 樊树志.江南市镇:传统的变革[M].上海:复旦大学出版社,2005.

122. 吴必虎、罗德胤、张晓虹、汤敏.中国传统村落概述[M].北京:海天出版社,2020.

123. 林胜华.基于文化人类学的浙江姑蔑文化[M].北京:中国社会科学出版社,2020.

124. 王思明.江苏特色村镇发展研究[M].南京:江苏人民出版社,2018.

125. 刘晓峰、李霞、周丹.太湖流域传统村落规划改造和功能提升[M].北京:中国建筑工业出版社,2018.

126. 谭砚文、倪根金、陈志国、赵艳萍.乡贤、宗族与当代乡村文化建设研究[M].北京:世界图书出版公司,2019.

127. 鲁可荣、李伟红.浙江传统村落保护与振兴研究[M].合肥:安徽师范大学出版社,2022.

二、学位论文

1. 杨慧.匠心探原—苏南传统建筑屋面与筑脊及油漆工艺研究[D],东南大学,2004.

2. 韩旭梅.中国传统建筑柱础研究[D].湖南大学,2007.

3. 宿新宝.建构思维下的江南传统木构建筑探析[D].东南大学,2009.

4. 石红超.苏南浙南传统建筑小木作匠艺研究[D].东南大学,2005.

5. 张开邦.明清时期的祠堂文化研究[D].山东师范大学,2011.

6. 戴碧婷. 宗族地方认同:一种以血缘和文化为纽带的地方认同[D]. 福建师范大学,2018.

7. 祝虻. 中国传统宗族记忆与身份认同[D]. 安徽师范大学,2015.

8. 刘锐. 礼制、宗族、血缘与空间[D]. 中南林业科技大学,2014.

9. 马全宝. 香山帮传统营造技艺田野考察与保护方法探析[D]. 中国艺术研究院,2010.

10. 马全宝. 江南木构架营造技艺比较研究[D]. 中国艺术研究院,2013.

11. 熊锋. 基于建构视角的历史建筑保护与再利用策略研究[D]. 华中科技大学,2011.

12. 钱岑. 苏南传统聚落建筑构造及其特征研究[D]. 江南大学,2014。

13. 王留青. 苏州传统村落分类保护研究[D]. 苏州科技学院,2014.

14. 骆小龙. 苏州市古村落保护与发展模式研究[D]. 苏州科技学院,2012.

15. 张园. 苏州西山明月湾古村落研究[D]. 苏州大学,2008.

16. 张玉柱. 苏州古村落群吴文化保护与利用研究[D]. 苏州科技学院, 2014.

17. 掌少波. 常熟地区传统村落空间形态演变研究[D]. 南京林业大学, 2010.

18. 刘洁莹. 新型城镇化背景下中国乡村公共建筑渐进式更新策略研究[D]. 东南大学,2016.

19. 柏杨. 苏州市东西山传统村落空间模式研究[D]. 苏州科技大学,2017.

20. 杨建斌. 传统村落动态保护与更新设计方法研究[D]. 兰州交通大学,2017.

21. 沈晖. 苏州传统村落适应性保护研究[D]. 苏州科技大学,2017.

22. 孙晓曦. 基于宗族结构的传统村落肌理演化及整合研究[D]. 华中科技大学,2015.

23. 罗求生. 血缘型传统村落的关联性保护与发展研究[D]. 重庆大学,2018.

24. 王雨辰. 基于有机更新理念的江南水乡历史街区保护发展策略研究——以嘉兴市月河历史街区为例[D]. 桂林理工大学,2021.

25. 王瑞. 江南水乡气候与地貌特征下传统民居空间构成类型研究[D]. 湖南大学,2021.

26. 付翘楚. 中国当代建筑地域性表达研究[D]. 山东大学,2019.

27. 何伟. 杭嘉湖平原传统风景营建研究[D]. 北京林业大学,2018.

28. 牟婷. 苏州古村落的空间传承与当代重构[D]. 南京艺术学院,2019.

29. 陆佳薇. 江南水乡水网地形与村落空间形态的关联研究[D]. 合肥工业大学,2020.

30. 周慧. 江南水乡的可持续发展研究[D]. 苏州科技学院,2015.

31. 王亭. 江南水乡古镇建筑遗产保护与利用研究[D]. 东北师范大学,2015.

32. 马建辉. 江南水乡地区传统民居中的水生态设计及运用[D]. 东南大学,2015.

33. 顾雨拯. 江南水乡古镇历史环境中的新建筑植入研究[D]. 东南大学,2015.

34. 林墨洋. 画景·造境——基于美学视角下江南水乡古镇沿河空间景观形态研究[D]. 中国美术学院,2013.

35. 张博. 江南水乡环境艺术色彩审美研究[D]. 北京林业大学,2013.

36. 杨磊. 江南水乡民居的秩序美研究[D]. 北京林业大学,2013.

37. 武阳阳. 江南水乡传统聚落核心空间景观特征的研究[D]. 江南大学,2013.

38. 叶先知. 岭南水乡与江南水乡传统聚落空间形态特征比较研究[D]. 华南理工大学,2011.

39. 丁琦. 江南六大古镇文化研究[D]. 上海师范大学,2009.

40. 钟惠华. 江南水乡历史文化城镇空间解析和连结研究[D]. 浙江大学,2006.

41. 徐荔枝. 江南水乡古镇文化景观研究[D]. 华东师范大学,2008.

42. 黄敏捷. 宋代江南市镇初探[D]. 华南师范大学,2005.

43. 冯道刚. 江南水乡古镇空间形态与行为的互动性研究[D]. 江南大学,2006.

44. 钟惠华. 江南水乡历史文化城镇空间解析和连结研究[D]. 浙江大学,2006.

45. 王灵芝. 江南地区传统村落居住环境中诗性化景观营造研究[D]. 浙江大学,2006.

46. 唐健武. 明清江南耕读村落的公共景观与空间研究[D]. 湖南师范大学,2009.

47. 齐朦. 江南地区传统村落公共空间整合与重构研究——以高淳蒋山村为例[D]. 南京工业大学,2015.

48. 陶晓宇. 江南地区传统村落景观的意象研究[D]. 苏州科技大学,2018.

49. 闫留超. 江南传统村落的人居环境观研究[D]. 华南理工大学,2018.

50. 武营营.苏南水网地区传统村落空间意象要素解构[D]苏州科技学院,2015.

51. 李沁峰.面向旅游开发的村落公共空间景观设计初探[D].北京林业大学,2016.

52. 李凯.苏南传统村落的外部空间特色研究——以溧水县和凤镇张家村规划为例[D].东南大学,2008.

53. 杨迪.太湖西山古村落公共空间整治规划研究[D].苏州科技学院,2010.

54. 王兰.苏州东山陆巷古村落研究[D].苏州大学,2012.

55. 蒋健.浙江山水型历史文化村镇外部空间研究[D].浙江农林大学,2010.

56. 宋霄雯.江南村落景观文化营造[D].浙江师范大学,2013.

57. 连蓓.江南乡土建筑组群与外部空间[D].合肥工业大学,2002.

58. 郭妍.传统村落人居环境营造思想及其当代启示研究[D].西安建筑科技大学,2011

59. 梁航琳.中国古代建筑的人文精神——建筑文化语言学初探[D].天津大学,2004

60. 翁群昊.人文演进视角下的江南传统村落风貌特色营建研究[D].浙江农林大学,2020.

61. 刘馨蕖.江南传统村落空间艺术价值谱系建构研究[D].苏州大学,2021.

62. 姜波.汉唐都城礼制建筑研究[D].中国社会科学院研究生院,2001.

63. 李栋.先秦礼制建筑考古学研究[D].山东大学,2010.

64. 伊超.汉长安城遗址礼制建筑区保护与城市更新研究[D].西北大学,2019.

65. 赵浩.汉长安城礼制建筑遗址层积空间展示设计方法研究[D].西安建筑科技大学,2022.

66. 白冰洋.清代宜兴荆溪地区的祠堂、宗族与地方社会[D].南京师范大学,2016.

67. 蒋仁婷.祠堂文化的育人思想及其当代价值研究[D].湖南大学,2018.

68. 吴文丽.美丽乡村建设中历史文化村落的传承与活化—以富阳东梓关村为例[D].浙江农林大学,2020.

69. 罗冠林.匾额文化与传统民居环境[D].湖南大学,2008.

70. 肖明卉.世俗化祠堂与适应型宗族:宗祠的结构与功能分析——基于

对 93 个祠堂的调查研究[D]. 西南政法大学，2011.

71. 周晓菡. 建构视角下的无锡宗祠建筑构造特征研究[D]. 江南大学，2017.

72. 赵宗楷. 江苏民间宗祠空间美学特征与文化价值研究[D]. 西安建筑科技大学，2019.

73. 林俊程. 闽南民居传统营造技艺阐释与展示研究[D]. 北京建筑大学，2019.

74. 钟灵芳. 龙岩地区土楼建筑营造技艺及其保护与传承研究[D]. 华侨大学，2017.

75. 孟琳. “香山帮”研究[D]. 苏州大学，2013.

76. 董菁菁. 香山帮传统建筑营造技艺研究[D]. 青岛理工大学，2014.

77. 沈黎. 香山帮匠作系统变迁研究[D]. 同济大学建筑与城市规划学院，2009.

78. 史百花. 建筑技术理论化与香山帮技艺传承研究(1400—1950)[D]. 苏州大学，2018.

79. 王瑛琦. 无锡历史街区传统建筑建造技艺研究[D]. 江南大学，2015.

80. 汤恒. 香山帮建造的再阐释——以现存传统手工建造为例[D]. 中国美术学院，2016.

81. 陈栋. 中国传统建筑工艺遗产的原创性问题探讨[D]. 同济大学，2008.

82. 马峰燕. 江南传统建筑技术的理论化[D]. 苏州大学. 硕士论文. 2007.

83. 姜雨欣. 香山帮与上海传统建筑业的历史渊源及变迁[D]. 上海交通大学，2015.

84. 李磊. 从模数制到模块化——香山帮木构建筑营造技艺的当代应用研究[D]. 苏州大学，2019.

85. 张金菊. “香山帮”传统营造技艺的绿色思想研究[D]. 苏州大学，2020.

86. 刘彦民. 苏州香山帮传统园林营造中测量工具与技术的应用、传承研究[D]. 苏州大学，2020.

87. 杨明慧. 香山帮建筑营造技艺的绿色解析及其当代发展[D]. 苏州大学，2021.

88. 余同元. 中国传统工匠现代转型问题研究[D]. 复旦大学，2005.

89. 马如月. 基于江南传统智慧的绿色建筑空间设计策略与方法研究[D]. 东南大学，2018.

90. 刘翠林. 江浙民间传统建筑瓦屋面营造工艺研究[D]. 东南大学，2017.

91. 郭华喻.明代官式建筑大木作研究[D].东南大学,2005.

92. 袁怡欣.苏州地区传统建筑木作工坊的工艺研究[D].华中科技大学,2019.

93. 吴玢.晚明江南地区儒匠群体研究[D].华中师范大学,2019.

94. 明娜.晚明江南地区工匠社会地位的演变[D].中国美术学院,2019.

95. 姜爽.传统民居适应性再利用中建筑技艺研究[D].东南大学,2017.

96. 钱梅景.江南传统木构建筑大木构造技术比较研究[D].江南大学,2016.

97. 荣侠.16—19世纪苏州与徽州民居建筑文化比较研究[D].苏州大学,2017.

98. 吴永发.地区性建筑创作的技术思想与实践[D].同济大学,2005.

99. 汪效驷.江南乡村社会的近代转型研究[D].苏州大学, 2008.

100. 续冠逸.城隍庙建筑的形制与空间布局分析[D].太原理工大学, 2015.

101. 刘磊.明清吉安府民间宗祠建筑木作技艺研究[D].南昌大学,2022.

102. 付梦伟.厦门传统宗祠建筑空间装饰的叙事研究[D].集美大学,2022.

103. 汪珊.湖南赣语区传统宗祠建筑研究[D].湖南大学,2022.

104. 贾景琳.明清鲁中山区民间宗祠价值特色研究[D].山东建筑大学,2023.

105. 李晴.赣南地区传统村落祠堂功能演变与动力机制研究——以唐江镇卢氏宗祠为例[D].江西理工大学,2023.

106. 梁耀建.明清时期苏南义庄建筑研究[D].江南大学,2021.

107. 范银典.明清巴渝地区宗族祠堂建筑特色研究[D].重庆大学,2016

108. 王嘉霖.鲁西北地区民间建筑传统营造技艺研究[D].山东建筑大学,2019.

109. 徐洋.移民视角下鄂东北宗族祠堂仪式空间研究[D].华中科技大学,2019.

110. 赵萍萍.齐鲁文化背景下宗祠建筑形制及装饰研究[D].西安建筑科技大学,2018.

111. 姬灿.鲁中家庙建筑与地域文化特色研究[D].湖南师范大学,2012.

112. 孙雯雯.齐鲁地区传统家庙建筑艺术的传承与发展研究[D].山东建筑大学,2019.

113. 李校瑾."礼教制度"下的山西宗祠建筑与文化研究[D].西安建筑科

技大学,2018.

114. 耿文浩. 文化传播视角下胡氏宗祠数字化展示设计研究[D]. 安徽工业大学,2018.

115. 赵珂珂. 河南民间宗祠建筑文化中教化功能的传承与研究[D]. 西安建筑科技大学,2018.

116. 赵萍萍. 齐鲁文化背景下宗祠建筑形制及装饰研究[D]. 西安建筑科技大学,2018.

117. 张鑫. 三晋文化视角下民间宗祠建筑装饰研究[D]. 西安建筑科技大学,2018.

118. 蔡丽. 祭祀行为下的宗祠空间研究——以徽州地区为例[D]. 昆明理工大学,2018.

119. 石格. 社会记忆视角下的山西宗祠建筑文化空间研究[D]. 西安建筑科技大学,2020.

120. 邓弟蛟. 中国宗祠剧场及其演剧活动调查研究(上)[D]. 山西师范大学,2020.

121. 李惟佳. 晋陕豫民间宗祠建筑中的隐喻表达研究[D]. 西安建筑科技大学,2020.

122. 李赫. 陕南地区民间宗祠建筑空间形态的保护与传承研究[D]. 西安建筑科技大学,2020.

123. 杜泽慧基于宗祠文化影响下的乡村公共空间设计应用研究[D]. 西安建筑科技大学,2020.

124. 邓雯. 社会记忆中的河南民间宗祠建筑空间演进研究[D]. 西安建筑科技大学,2020.

125. 黄丽蓉. 宗祠文化视觉元素在游戏界面中的符号表现——以紫南村手游为例[D]. 华南农业大学,2020.

126. 戚红彪. 基于宗祠文化特色的文创设计研究——以佛山紫南村为例[D]. 华南农业大学,2020.

127. 张漫思. 集体记忆、亲属实践与资本转换——云南大理喜洲白族宗祠复兴研究[D]. 云南大学,2020.

128. 陶奕如. 乡土宗祠文化视角下的视觉动线设计研究——以安徽黟县南屏村为例[D]. 中国美术学院,2020.

129. 牛月. 农村宗祠权属问题探析[D]. 海南大学,2020.

130. 陈飞. 建筑现象学视角下福州宗祠更新改造设计研究——以福州市长门村为例[D]. 中国矿业大学,2020.

131. 徐靓婧. 血缘型传统村落中宗祠建筑研究[D]. 山东建筑大学，2020.

132. 李佳烜. 风土建筑谱系视角下江南系宗祠形态比较研究[D]. 大连理工大学，2020.

133. 胡丹丹. 乡村振兴背景下宗祠功能变迁研究——以金华市汤溪镇上境村刘氏宗祠为个案[D]. 浙江师范大学，2020.

134. 尹利欣. 鲁西南地区民间宗祠建筑研究[D]. 山东建筑大学，2021.

135. 潘璐冉. 徽州地区宗祠建筑绿色营建智慧研究[D]. 安徽建筑大学，2021.

136. 齐敏. 洞口古宗祠保护与开发策略研究——以萧氏宗祠为例[D]. 湖南工业大学，2021.

137. 张玮婧. 乡村宗祠文化治理现代化研究[D]. 武汉理工大学，2021.

138. 任亮. 山西晋中明清民间宗祠砖雕艺术研究[D]. 陕西科技大学，2021.

139. 张丽萍. 兰州地区宗祠建筑空间特征研究[D]. 兰州理工大学，2022.

140. 胡琳遥. 旅游情境下河阳朱氏宗祠的祭祀与展演[D]. 浙江师范大学，2022.

141. 常清华. 清代官式建筑研究史初探[D]. 天津大学，2012.

142. 居晴磊. 苏州砖雕的源流与艺术特点[D]. 苏州大学，2004.

三、期刊论文

1. 方原. 东汉洛阳礼制建筑研究[J]. 秦汉研究，2011(5)：56-65.

2. 雷晓伟. 两汉都城礼制建筑比较研究[J]. 濮阳职业技术学院学报，2010(1)：55-57.

3. 卢海鸣. 六朝建康礼制建筑考略[J]. 洛阳工学院学报（社会科学版），2001(4)：18-22.

4. 徐卫民. 秦都城中礼制建筑研究[J]. 人文杂志，2004(1)：145-150.

5. 朱士光. 初论我国古代都城礼制建筑的演变及其与儒学之关系[J]. 唐都学刊，1998(1)：32-35.

6. 汪瑞霞. 传统村落的文化生态及其价值重塑——以江南传统村落为中心[J]. 江苏社会科学，2019(4)：213-223.

7. 王彤. 自然山水形态中的浙江传统村落研究——以桐庐县江南镇荻浦村为例[J]. 美术教育研究，2019(7)：97-99.

8. 黄焱，孙以栋. 乡村聚落的生态审美诠释——以浙江传统村落为例[J].

建筑与文化，2016(12)：232-237.

9. 林仙虹.江南传统村落文化基因识别及其表现——以荻港村为例[J].农村经济与科技，2017(11)：247-248.

10. 张媛媛、汪婷.新农村建设视角下传统村落保护现状与发展模式的探究——以新叶村、江南古村落群、诸葛八卦村模式为例[J].中国市场，2017(2)：108-110.

11. 江俊美等.解读江南古村落符号景观元素的设计[J].生态经济，2009(7)：194-197.

12. 孙明泉.江南古村落的景观价值及其可持续利用[J].徽学，2000：269-280.

13. 程俐骢.谈江南水乡旅游资源的开发[J].旅游科学，1995(4)：24-25.

14. 郭大松等.江南水乡历史文化名城保护的价值浅析——以嘉兴市为例[J].建筑与文化，2021(6)：243-245.

15. 张钰婷等.可持续发展目标下的江南水乡传统村落规划探索[J].智能建筑与智慧城市，2021(4)：60-63＋66.

16. 徐媛媛等.江南水乡民俗服饰的形制及文化内涵[J].纺织报告，2020(1)：93-94.

17. 顾彦力.江南水乡建筑文化元素的应用研究[J].美与时代(城市版)，2018(1)：13-15.

18. 阮仪三等.乡愁情怀中的江南水乡及其当代意义[J].中国名城，2015(9)：4-8.

19. 马晓、周学鹰.江南水乡地域文化研究[J].福建论坛·人文社会科学版，2007(9)：68-73.

20. 李书有.论江南文化[J].江苏社会科学，1990(3)：66-71.

21. 陈尧明、苏讯.长三角文化的累积与裂变：吴文化——江南文化——海派文化[J].江南论坛，2006(5)：15-19.

22. 王罡.旅游影响下江南水乡建筑景观的保护规划策略[J].艺术与设计(理论)，2013(12)：69-71.

23. 阮春锋等."两新工程"中江南水乡特色村落保护研究与探索[J].小城镇建设.2011(7)：101-104.

24. 阳建强.江南水乡古村的保护与发展——以常熟古村李市为例[J].城市规划，2009(7)：88-91＋96.

25. 周学鹰、马晓.江南水乡建筑技术研究[J].建筑史，2009(1)：37-58.

26. 唐旭.简谈江南水乡传统文化景观的延续[J].广西城镇建设，2008

(12):63-66.

27. 王挺、宣建华.宗祠影响下的浙江传统村落肌理形态初探[J].华中建筑,2011(2):164-167.

28. 杨迪等.试论古村落公共空间整治规划——以太湖明月湾古村落为例[J].科技信息,2010(17):544-545.

29. 牟婷.江南地区古村落的空间传承与重构[J].艺术百家,2022(3):149-155.

30. 廖灿霞、陈若仪、李晨昕.江南传统村落古建筑文化传承与保护[J].商业文化,2022(3):140-141.

31. 李季真.镐京西周礼制建筑探析[J].文史博览(理论),2016(12):18-19.

32. 岑雅婷.唐代礼制建筑探析——以宫殿建筑为例[J].戏剧之家,2019(27):153.

33. 刘兴、汪霞.周易数理对中国古代礼制建筑布局的作用和影响[J].华中建筑,2008(3):31-34.

34. 李玲.儒家之"礼"对中国古代礼制建筑的影响[J].江西社会科学,2020(11):231-237.

35. 陈凌广.浙西祠堂门楼的建筑装饰艺术[J].文艺研究,2008(6):137-139.

36. 毕昌萍."后转型期"浙江祠堂文化传承的问题及突破路径[J].经营与管理,2017(4):131-133.

37. 邱耀.浙江传统村落祠堂文化传承研究[J].海峡科技与产业,2017(7):91-92.

38. 王璐.浙江中西部地区乡土祠堂空间格局浅析[J].建筑与文化,2019(6):173-174.

39. 李元媛.祠堂建筑装饰艺术研究——以江苏镇江儒里村朱氏宗祠为例[J].美术大观,2019(12):124-126.

40. 李元媛.太湖流域移民村落祠堂建筑特征[J].南京林业大学学报(人文社会科学版),2022(6):115-123.

41. 毕昌萍、郭杭叶.古村落祠堂文化研究述评——兼论浙江祠堂文化传承与创新[J].江西理工大学学报,2021(6):83-88.

42. 赵克生.优出常典:明代乡贤专祠的礼仪逻辑与实践样貌[J].中国史研究,2020(1):130-145.

43. 徐俊六.文化空间视阈下宗祠的美学意蕴[J].新疆社会科学,2018

(2):150-157.

44. 王春红.戏台·祠堂·农村文化礼堂——文化空间功能的有机融合[J].四川戏剧,2019(1):127-131.

45. 巢耀明、郁晨.历史村落中宗族文化的保护与再利用——以南京溧水诸家古村为例[J].城市建筑,2017(18):41-46.

46. 王健康、王炳熹.宗族祠堂的当代文化价值[J].前进,2019(6):34-38.

47. 吴祖鲲、王慧姝.文化视域下宗族社会功能的反思[J].中国人民大学学报,2014(3):132-139.

48. 欧阳宗书、符永莉.祠联与中国古代祠堂文化[J].南昌大学学报(人文社会科学版),1993(2):69-73.

49. 郑雪松.祠堂文化的教育意蕴及其传承价值[J].时代教育,2013(9):155-156,302.

50. 王健康、王炳熹.宗族祠堂的当代文化价值[J].前进,2019(6):34-38.

51. 许燕.以无锡惠山祠堂群为例谈祠堂建筑文化及保护[J].山西建筑,2018(18):19-20.

52. 冯颀军.惠山古镇祠堂建筑意象的吴文化特征价值解析[J].无锡商业职业技术学院学报,2015(3):93-97.

53. 庄若江.试论惠山祠堂群的核心价值[J].江南论坛,2015(8):35-36.

54. 高扬.祠堂的功能转换及出路探索[J].南方论丛,2017(6):27-31.

55. 邱耀,沈巧云.浙东传统村落祠堂史及建筑形制研究[J].海峡科技与产业,2017(6):174-176.

56. 杨海文、张昕.朱熹《家礼》祠堂礼制的宗法制思想[J].江南大学学报(人文社会科学版),2021(2):5-12.

57. 汪燕鸣.浙江明、清宗祠的构造特点及雕饰艺术——浙江宗祠建筑文化初探[J].华中建筑,1997(1):104-108.

58. 王挺、宣建华.宗祠影响下的浙江传统村落肌理形态初探[J].华中建筑,2011(2):164-167.

59. 樊泽怡、丁继军.桐庐深澳村古宗祠概述及其楹联解读[J].现代装饰(理论),2016(8):219-220.

60. 赵宗楷.苏州明月湾古村宗祠空间秩序感研究[J].建筑技术开发,2019(20):22-23.

61. 漆菁夫.浙江宗祠建筑装饰纹样之文化意蕴[J].轻纺工业与技术,2020(5):20-21.

62. 徐艳娟.高淳地区宗祠文化现象及功能转化初探[J].文物鉴定与鉴

赏，2022(14)：146-149.

63. 孙一谦、何隽.苏州传统村落宗祠空间活化策略探究[J].设计艺术研究，2021(6)：53-58.

64. 李曦等.乡村振兴视角下湘南宗祠的建筑艺术及礼俗价值探讨[J].家具与室内装饰，2021(8)：37-39.

65. 秦海滢.明清时期山东宗族与祠堂发展[J].明史研究，2007(10)：222-232.

66. 张曼等.鄂东南地区宗祠建筑价值再认知——以谭氏宗祠为例[J].自然与文化遗产研究，2019，4(7)：125-128.

67. 王健康等.宗族祠堂的当代文化价值[J].前进，2019(6)：34-38.

68. 吴洋.古建筑装饰艺术对城市文化魅力提升作用[J].美术文献，2018(9)：132-133.

69. 崔浩东.中国传统建筑装饰语素在现代环境艺术设计中的应用研究[J].工业建筑，2022(4)：314-315.

70. 张帅奇.清代江浙族学与家族文化的传承[J].西安文理学院学报(社会科学版)，2019(2)：66-73.

71. 李晓睿.中国传统纹样在现代平面设计中的运用[J].艺术与设计(理论)，2008(5)：51-53.

72. 李永革、王俪颖.最后的工匠 故宫里的官式古建筑营造技艺[J].中国文化遗产，2013(3)：24-33+8.

73. 张赛娟、蒋卫平.湘西侗族木构建筑营造技艺传承与创新探究[J].贵州民族研究，2017，38(7)：84-87.

74. 王薇、韩子藤.非遗视角下徽派传统民居营造技艺传承与创新研究[J].住宅科技，2021(7)：47-51+72.

75. 蔡军.苏州香山帮建筑特征研究——基于《营造法原》中木作营造技术的分析[J].同济大学学报(社会科学版)，2016，27(6)：72-78. 71-75.

76. 张轶群.浅谈吴楚两地建筑文化之比较[J].华中建筑，2006，24(7)：1-4.

77. 臧丽娜.明清时期苏州东山民居建筑艺术与香山帮建筑[J].民俗研究，2004(1)：129-139.

78. 刘慎安、邱仁泉."香山帮"能工巧匠录[J].苏州史志资料选辑，1989(3-4)：199-207.

79. 姜雨欣、蔡军.香山帮工匠在上海——香山帮与上海的渊源及影响探析[J].华中建筑，2015(5)：149-152.

80. 倪利时、蔡军. 香山帮与常州府的渊源及其建筑营造特点探析[J]. 华中建筑 ,2018(12):97-101.

81. 解方舟、胡蝶、刘晓光. 香山帮工匠技艺特点及传承困境[J]. 炎黄地理. 2022(2):39-42.

82. 王浩、袁乐. 传统建筑营造技艺传承人与工匠保护研究——以江苏省为例[J]. 知与行 ,2017(10):140-143.

83. 王浩等. 苏南传统村落民居建筑营造技艺保护传承与发展研究[J]. 现代农村科技,2021(10):107-108.

84. 王浩. 江南水乡传统村落礼制建筑研究[J]. 现代农村科技,2023(8):91-92.

85. 陈曦. 试论“香山帮”营造技艺在当代建筑遗产保护中的适应性发展[J]. 古建园林技 术,2016(2):72-76.

86. 张思邈、姚蓉. 香山匠人技艺精进与传承探究[J]. 南方论刊,2021(8):87-89.

87. 苑文凯、于琍. “香山帮”工匠的历史传承及特点[J]. 安徽建筑,2021(7):5-6+39.

88. 孙红芬、许建华. 明代香山帮工匠的辉煌杰作——紫禁城[J]. 古建园林技术,2011(12):76-79.

89. 蔡军. 苏州香山帮建筑特征研究——基于《营造法原》中木作营造技术的分析[J]. 同济大学学报(社会科学版),2016(6):72-78.

90. 金姗. 以“香山帮”为例对传统建筑营造技艺性的浅析[J]. 辽宁工业大学学报(自然科学版),2018(2):50-51.

91. 梅其君、罗煜中. 中国传统工匠精神研究述评[J]. 贵州大学学报(社会科学版),2019(12):1-5.

92. 张天淳. 研究社会学思考下香山帮匠人技艺的传承与精进[J]. 劳动保障世界. 2020(6):51+53.

93. 沈黎. 香山帮的变迁及其营造技艺特征[J]. 建筑遗产,2020(2):18-26.

94. 杨姝. 香山帮技艺传承模式与文创产业开发[J]. 山东纺织经济,2018(9): 48-49+57.

95. 孟琳“香山帮”营造技艺的匠心解读[J]. 艺术生活-福州大学学报(艺术版),2020(1):14-19+80.

96. 汤恒. 香山帮建造的再阐释[J]. 新美术,2019(8):103-112.

97. 孙晓鹏. “香山帮”绿色营造思想与历史人文地理学脉络[J]. 创新科

技,2016(7):45-48.

98. 许轶璐.非遗数字化采集工作实践研究—以“香山帮传统建筑营造技艺”为例[J].大舞台,2015(12):234-235.

99. 杨静.“香山帮传统建筑营造技艺”之木雕的现状及其保护—以苏州花格窗木雕为例[J].文艺理论与批评,2015(2):132-135.

100. 过汉泉.香山帮古建戗角工艺探析[J].国际木业,2013(6):6-7.

101. 姬舟吴县东山地区香山帮砖雕艺术考察与探索[J].美术学报,2013(2):92-98.

102 李浈.营造意为贵,匠艺能者师——泛江南地域乡土建筑营造技艺整体性研究的意义、思路与方法[J].建筑学报,2016(2):78-83.

103. 常青.我国风土建筑的谱系构成及传承前景概观——基于体系化的标本保存与整体再生目标[J].建筑学报,2016(10):1-9.

104. 廖明君.侗族木构建筑营造技艺[J].广西民族研究,2008(4):214+209-210.

105. 杨慧.苏州地区传统建筑屋面基层工艺研究[J].东南大学学报(自然科学版),2004(2):278-282.

106. 李辉政.我国传统建筑修缮与改造的木作技艺传承研究[J].重庆建筑,2018(5):41-44.

107. 王旭、黄春华、高宜生.中国传统建筑营造技艺的保护与传承方法[J].中外建筑,2017(4):57-60.

108. 赵梅红、许咤.对中国传统建筑技艺文化传承问题的思考[J].建材与装饰,2018(1):159-160.

109. 赵梓汝.对《考工记》中《匠人》的研究[J].中国商界(下半月),2010(11):398.

110. 胡俊.浙中地区非遗传承人群的培育现状及其传承环境建设研究[J].文物鉴定与鉴赏,2018(6):113-115.

111. 陈靖.非遗“传承人”制度在民族文艺保护中的悖论[J].贵州民族研究,2014(1):39-43.

112. 陈静梅.我国非物质文化遗产传承人研究述评[J].贵州师范大学学报(社会科学版),2012(4):77-84.

113. 张伟.传统村落保护与美丽乡村建设刍议——基于非物质文化遗产保护视角[J].江南论坛,2014(1):48-49.

114. 祁庆富.论非物质文化遗产保护中的传承及传承人[J].西北民族研究,2006(3):114-123+199.

115. 田艳. 非物质文化遗产代表性传承人认定制度探究[J]. 政法论坛，2013(4):81-90.

116. 熊英. 我国非物质文化遗产法律保护模式分析[J]. 湖北民族学院学报(哲学社会科学版)，2009(2):122-128.

117. 李荣启. 对非遗传承人保护及传承机制建设的思考[J]. 中国文化研究，2016(2):20-27.

118. 李小苹、柳之茂. 我国非物质文化遗产法律保护模式研究述评[J]. 湖南警察学院学报，2014(1):80-85.

119. 朱光亚. 江苏村落建筑遗产的特色和价值[J]. 江苏建设，2016(1):12-20.

120. 李新建、朱光亚. 中国建筑遗产保护对策[J]. 新建筑，2003(4):38-40.

121. 张昕、陈捷. 传统建筑工艺调查方法[J]. 建筑学报，2008(12):21-23.

122. 胡阿祥、姚乐. 江苏文化分区及其影响因素述论[J]. 淮阴师范学院学报(哲学社会科学版)，2011(3):334-345＋419-420.

123. 马全宝、王阳. 营造技艺类非物质文化遗产的内涵构成探析[J]. 古建园林技术，2017(4):70-72.

124. 刘托. 中国传统建筑营造技艺的整体保护[J]. 中国文物科学研究，2012(4):54-58.

125. 赵玉春、张欣. 中国传统木结构营造技艺列入联合国教科文组织非物质文化遗产名录10周年访谈[J]. 中国艺术时空，2019(6):12-16.

126. 王颢霖、李峰. 中国传统营造技艺展示设计的思路研究[J]. 家具与室内装饰，2023(1):16-20.

127. 王福州. 论非物质文化遗产的本质[J]. 中国非物质文化遗产，2022(2):6-11.

128. 李浈、吕颖琦. 南方乡土营造技艺整体性研究中的几个关键问题[J]. 南方建筑，2018(6):51-55.

129. 郭华瑜、武浩然. 中国传统建筑工匠制度建立的思考[J]. 中国名城，2022(6):50-54.

130. 胡鑫庭. 中国传统建筑营造技艺的保护与传承方法研究[J]. 居业，2020(12):63-64.

131. 王颢霖. 中国传统营造技艺整体性保护的思路与策略[J]. 建筑与文化，2023(5):170-172.

后 记

本课题研究过程中，得到了诸多专家学者的帮助，为我提供了大量的资料和研究建议，在调研过程中也得到了当地政府和职能部门的支持和帮助，在此一并表示感谢。

本书在写作过程中参考了大量的国内外相关文献，借鉴了许多前人的研究成果，并尽量在本书中予以标注或在参考文献中列出，如仍有遗漏，敬请原谅并致歉，在此一并表示衷心的感谢。文中图片除特别标明外，均为作者与研究团队拍摄。

由于作者经验与学识有限，本书从写作到出版，时间有限，错漏在所难免，希望读者予以谅解。